过瘾川菜

过瘾川菜

夏强 主编

中国华侨出版社
·北京·

图书在版编目 (CIP) 数据

过瘾川菜 / 夏强主编 . —北京：中国华侨出版社，2014.2（2024.4 重印）
ISBN 978-7-5113-4460-1

I.①过… Ⅱ.①夏… Ⅲ.①川菜—菜谱 Ⅳ.① TS972.182.71

中国版本图书馆 CIP 数据核字（2014）第 037358 号

过瘾川菜

主　　编：夏　强
责任编辑：刘晓燕
版式设计：冬　凡
封面设计：韩立强
美术编辑：潘　松
经　　销：新华书店
开　　本：720mm×1020mm　　1/16开　　印张：13　　字数：227千字
印　　刷：三河市兴博印务有限公司
版　　次：2014年5月第1版
印　　次：2024年4月第7次印刷
书　　号：ISBN 978-7-5113-4460-1
定　　价：52.00元

中国华侨出版社　北京市朝阳区西坝河东里 77 号楼底商 5 号　邮编：100028
发 行 部：（010）88893001　　　传　真：（010）62707370

如果发现印装质量问题，影响阅读，请与印刷厂联系调换。

　　川菜作为中国八大菜系之一，是我国西南地区四川和重庆等地具有地域特色饮食的统称，在我国烹饪史上占有重要的地位。每个地方的人对待食物的方式，其实就是一种文化。这种文化深深植根于人们的记忆中，甚至人格里。

　　"民以食为天，食以味为先"，川菜重"味"众所周知，历经两千多年的凝练，川菜吸收南北名家烹饪之长，逐渐形成了一套成熟而独特的烹饪技术，尤以"一菜一格，百菜百味"最为叫绝。菜式麻辣酸香各得其所，根据不同菜肴的特点各有侧重，尤其是复合味的运用，通过对辣椒、胡椒、花椒、豆瓣酱等主要调味品进行不同的配比，配出了麻辣、酸辣、椒麻、麻酱、蒜泥、芥末、红油、糖醋、鱼香、怪味等各种味型，无不厚实醇浓，各式菜点无不脍炙人口，因此还有"食在中国，味在四川"之说。那么，如何做出地道的川菜呢？

　　针对人们热爱川菜、渴望自己下厨烹饪美食的需求，我们聘请专业厨师亲自操刀，并由专业的摄影团队拍摄，精心编写了这本《过瘾川菜》。开篇对川菜的渊源、特点、特色原料等方面进行了简要的介绍，使您在过足川菜瘾之外，还能对川菜文化的方方面面有更全面的了解。之后按照经典川菜、家常川菜、创新川菜分类，收录了300多道川味菜肴，包括凉菜、炒菜、烧菜、蒸菜、汤菜、川味火锅、小吃等，款款经典，荤素并举。不仅介绍了每道菜的特色，并从原料、调料、食材处理、制作方法、美味秘诀、营养价值及川菜典故等方面进行了详细的解说，同时配以分步图片详解，读者可以一目了然地了解菜品的制作要点，易于操作。

　　对老饕、烹饪业者来说，这是一本详细、实用且颇有收藏意义的川菜书籍，可以让你足不出户，尽享地道的川菜。

过瘾川菜

目录

第三章　家常川菜

第四章 创新川菜

第一章

食在中国，
味在四川

川菜的起源、形成和发展

川菜历史悠久，其源头可追溯到战国至秦汉期间。川菜的发源地就是战国时期的巴国和蜀国，《华阳国志》曾有这样的记载，巴国"土植五谷，牲具六畜"，并出产鱼盐和茶蜜；蜀国则"山林泽鱼，园囿瓜果，四节代熟，靡不有焉"。在战国时期墓地出土文物中，已有各种青铜器和陶器食具，川菜的萌芽可见一斑。

这里说的川菜是一个大概念，也就是起源于古代巴蜀两国的烹饪菜系即为川菜。据史学家考证，早在秦统一"六国"夺取蜀国时，姜、花椒等辛香调味品，就已成了巴蜀地区的风味特产。

后来秦惠王和秦始皇先后两次大量移民蜀中，大量中原移民将烹饪技术带入巴蜀，同时也就带来中原地区先进的生产技术，这对发展生产有巨大的推动和促进作用，也促使原来巴蜀地区的民间佳肴和饮食精华与之融汇，为后来川菜的独特烹饪技术的形成与发展奠定了基础。

川菜的形成，大致在秦始皇统一中国到三国鼎立之间。虽然此时四川饮食文化尚未出现明显的地区性特色，但是当时四川的政治、经济、文化中心已经逐渐移向成都，此时，无论烹饪原料的取材，还是调味品的使用，以及刀工、火候的要求和专业烹饪水平，均已初具规模，已有菜系的雏形。

时至唐宋，繁荣的巴蜀经济、商品的交流给了地区性饮食文化的形成以充分的支持，巴蜀饮食水平达到了新的高度，这在唐诗里也有所反映，例如杜甫在四川夔府时，曾作《槐叶冷淘》诗："青青高槐叶，采掇付中厨。新面来近市，汁滓宛相俱。入鼎资过熟，加餐愁欲无。碧鲜俱照箸，香饭兼苞芦。""冷淘"是一种凉面，早在南北朝时期即已出现其雏形，盛唐时成为宫廷宴会的时令饮食，杜甫能在夔府吃到冷淘，说明京师盛宴里的佳肴也已流传到四川民间。

明末清初，川菜运用辣椒调味，对早期形成的"尚滋味""好辛香"的调味传统有了进一步发展，与此同时，大批外籍官员带厨师入川，带来各地的名馔佳肴和饮食风尚。川菜博取众家之长，吸收四方烹饪精华，并逐渐形成一套独特的烹饪技术，与鲁菜、苏菜、粤菜并称中国四大菜。

辣椒传入中国之后，川菜味型增加，菜品愈加丰富，烹饪技术日趋完善。据说，在抗战"陪都"时，各大菜系名厨大师云集重庆，更使川菜得以博采众长、兼收并蓄，从而达到炉火纯青的境地。

此后，随着经济的繁荣和人们生活水平的不断提高，川菜在原有的基础上不断创新，推出人们所喜爱的菜品。川菜还吸收南北菜肴之长形成北菜川烹、南菜川味的特点。川菜影响遍及海内外，因此四川就有了"味在四川""吃在四川"的美誉。

川菜的特点

川菜讲究色、香、味、形，尤其在"味"上风格独具，以味型多样、变化精妙、用料之广、口味之厚为其主要特色。总结起来，川菜主要有以下三个特点。

取材原料丰富

川菜的烹饪原料更是丰富多样，既有山区的山珍野味，又有江河的鱼虾蟹鳖；既有肥嫩味美的各类家畜，又有四季不断的各种新鲜蔬菜和笋菌。川菜原料的丰富和变化，对川菜产生了重大影响，一道菜肴的风味与原料的独特不无关系。

除此之外，还有品种繁多、质地优良的酿造调味品和种植调味品，如郫县豆瓣酱、阆中保宁醋、犀浦酱油、蒲江豆腐乳、新繁泡菜、汉源花椒等。有如此多的材料，再加上厨师们独具匠心的调配，再使川菜美到极致，川味因此赢得大多数人的青睐。

川味离不开精湛刀工

行话称："切、配指挥一切，头墩子指挥川菜。"刀工是川菜制作的一个很重要的环节。精湛的刀工能够使菜肴便于调味，整齐美观，而且能够避免成菜生熟不齐、老嫩不一。成菜的好坏，靠的就是基本功，反过来，成菜的外观、口味也反映了刀工水平，例如"熘鸡丝"中的刀工技术可以直接通过鸡丝的形状反映出来，上浆技术可以通过或老或嫩之口感反映出来。

刀法和配料的熟练掌握和运用绝非一朝一夕之事。无论川菜今后如何发展，这些最基本的技能都是不能丢的。

烹调方法多样，注重调味

川菜的烹饪方法有40多种，如煎、炒、炸、爆、熘、煸、炝、烘、烤、煮、烩、烫、蒸、卤、冲、拌、渍、泡、冻、生煎、小炒、干煸、干烧、酥炸、软、旱蒸、油淋、糟醉、炸收、锅贴等，每个菜肴采用何种方法进行烹制，必须依原料的性质和对不同菜式的工艺要求决定，确保烹饪质量上乘。

川菜自古讲究"五味调和""以味为本"。川菜烹制过程中常用到辣椒、花椒、胡椒、豆瓣酱和醋、汤等调味品。各种调味品按不同的配比，就产生了鱼香、麻辣、椒麻、怪味等各种味型川菜，由此才有了今天"百味川菜"的美誉。

川菜的特色原料

米粉

米粉又称为米线，是以大米为原料，经过浸泡、磨浆、过滤、蒸笼、压条等工序加工而成的。米粉是四川人最喜爱的食物之一，质地柔韧，富有弹性，水煮不糊汤，干炒不易断，配以各种菜码或汤料进行汤煮或干炒，爽滑入味，深受大众喜爱。绵阳米粉在四川一带大有名气。

粉条

粉条，是由绿豆、马铃薯等原料加工制成的丝状或条状干燥淀粉制品。四川俗称水粉，是四川名吃酸辣粉、肥肠粉的主要原料，红苕粉条是四川火锅的主要原配料。粉条有良好的附味性，它能吸收各种鲜美汤料的味道，再加上粉条本身的柔润嫩滑，更加爽口宜人。

蚕豆

蚕豆，又称胡豆。相传西汉张骞自西域引入中国，在四川的栽培历史有千年以上。蚕豆营养价值丰富，可食用，是制作豆瓣酱的主要原料，也可制酱油、粉丝、粉皮和作蔬菜。

豌豆

豌豆，在我国主要产于四川，又称雪豆。可作为粮食与制造粉条用，主要用于炖汤，是四川名菜如雪豆蹄花汤、肉焖豌豆等的主要原料之一。

芸薹

在四川分布比较广，又称为油菜、油菜薹，有紫菜薹和绿菜薹两种。在川菜的烹饪中主要用于煸炒或用做配菜。芸薹质地脆嫩，略有苦味，含有多种营养素，维生素 C 的含量尤其丰富。

豌豆尖

豌豆尖是豌豆枝蔓的尖端，是四川地区冬春季节的叶菜之一。豌豆尖茎叶柔嫩，味美可口，是一种质优、营养丰富、食用安全、速生无污染的高档绿色蔬菜。豌豆尖是豌豆尖酥肉豆汤、豌豆尖素面等名川菜的主要原料。

魔芋

四川魔芋产区主要分布在川东的大巴山山区，西南部金沙江河谷地带是全国最重要的白魔芋产区。魔芋地下块茎可加工成魔芋粉供食用，是川菜的特色原料之一。以魔芋为原料加工成的魔芋豆腐就属于川菜，魔芋丝、魔芋结、魔芋片、泉菌魔芋耳朵、泉菌魔芋蝴蝶等魔芋食品都是利用魔芋精粉制作而成。

洋姜

又称为阳姜、菊芋，四川人主要用其制作酱菜和泡菜。也可以食用，可煮食或熬粥、腌制咸菜、晒制洋姜干、制取淀粉和作酒精原料。

葱

葱是川菜中使用最广泛的调味品，主要用于除腥、去膻、增香、增味，它不仅可作调味之品，而且能防治疫病，可谓佳蔬良药。

大蒜

大蒜在川菜中是最重要的调配料，除广泛用

于炒菜、烧菜以外，还是鱼香、蒜泥、家常等味型的主要调味品。在烹调鱼、肉、禽类和蔬菜时有去腥增味的作用，特别是在凉拌菜中，既可增味，又可杀菌。

藠头

主要产于我国广西、贵州、四川等地。藠头色白，质地脆嫩，辣中带甜，有特殊的香味，做菜可炒食、盐渍或糖渍。如泡藠头、糖藠头、甜藠头等，甜藠头还具有健脾开胃、去油腻、增食欲的作用，口感嫩、脆、酸、甜，并略带辣味，十分爽口。它既可单独食用，也可作为配料，制成多种美味佳肴。

竹荪

为世界著名的食用菌，有"山珍之王""素中珍品"之称，我国主产于四川、云南、贵州等地。有特别的防腐功能，夏日加入竹荪烹调的菜、肉多日不变馊。营养价值极佳，入馔时主要用于高级筵席的清汤菜式。

折耳根

又称鱼腥草，叶颜色紫红，茎粗壮，质地酥脆，有一种特殊的香味。最常见的吃法是凉拌，这种吃法适合大多数人。鱼腥草性寒凉，老人和体弱的人可以用鱼腥草炖鸡的方法。折耳根还有润心的作用，对于缓解夏季心神烦躁很有帮助。

酸菜

为叶用青菜的腌制品，是一种绿色天然的健康食品，酸香味醇、清淡爽口。腌渍时间较长，多为一年以上，所以酸味很重，一般不直接食用，冬季是制作酸菜的最佳季节，主要用于汤菜、烧烩菜的调味。

四川泡菜

在四川，人人爱吃泡菜，在筵席、宴会中，在品尝各味佳肴之余，最后上几种泡菜，以调节口味，味道咸酸，口感脆生，也有醒酒解腻的特殊效果。制作泡菜的原料很多，根、茎、叶、果、瓜、豆无一不可。成品新鲜，质地脆嫩，咸淡适口。泡菜多直接食用，也有些可用作调料，例如泡子姜、泡红辣椒、泡青菜。

川菜的调味风格

说到川菜，避不开的一个问题就是川菜的调味风格。

川菜用味型来命名的菜式可以说比比皆是，譬如鱼香肉丝、椒麻霸王鸡、怪味鸡丝等，这是川菜的一个显著特点。从烹制方法、刀工刀法上看，川菜同其他菜式大同小异。但是以味型来烹制菜肴的，只有川菜。

川菜的特性反映在味的制作上，主要有两个特点：

一是味型多种多样。川菜的味型之多是其他菜系无法比拟的，川菜的味型比较常见的说法是 24 种，但是在实际操作应用中远远超过了这个数目，因为随着新的调味原料的开发，川菜又不断地采纳吸收外来的味型，使得川菜的味型也在不断增加。

二是富于变化。这种变化是因人而异，因时而异，因地而异，因物而异。即便同一种味型，如烟香味、酒香味、糟香味都是以咸味为基础，但是其香味并不完全一样。

谈川菜的风格，要从味入手；谈川菜的味，要从辣入手。川菜使用辣椒、花椒的准则并不是越辣越好、越麻越好，而是强调因人、因时、因地、因料而灵活使用辣椒和花椒。

因人而异：川菜的厨师到各地区做川菜，不能按照四川人的口味烹饪，要做到既保持川菜的风味特点，又得考虑到当地人的接受程度。

因时而异：烹饪川菜，天气热的时候用味、用油要轻，用辣也要轻，反之亦然。

因地而异：地域不同，用味也是不同的，特别是辣味，干燥的地方与潮湿的地方，对辣味的感受有很大不同，哪怕是同样一道菜，用同样分量的调味料，给同一个人吃，在不同的地域，感受是完全不同的。

因料而异：单就辣来说，川菜中就有麻辣、干香辣、酥香辣、油香辣、清香辣、冲香辣、酱香辣等味型，这样丰富的味蕾体验可不是一个辣字就能概括的。

川菜的基础五味

说到川菜，人们总是赞不绝口，常常被那美妙的"味"所倾倒。川菜讲究色、香、味、型、器，味居其中，被称为川菜之魂，自古以来，川菜就有"一菜一格，百菜百味"之美誉。

基本味就是单一味。尽管每个地方菜有千万种变化、各具一格的特色风味，但都是由几种基本味复合而成，所以有的地方将基本味称为"母味"。那么，川菜的味型有多少呢？是怎样构成的呢？我们知道，任何一个菜肴的味型都是由基本味和复合味所构成，川菜也是如此。其基本味包括咸、甜、麻、辣、酸五味。

在基本味的基础上，又可调配变化为多种复合味型，在川菜烹饪过程中，如能运用味的主次、浓淡、多寡，调配变化，加之选料、切配和烹调得当，即可获得色香味形俱佳的具有特殊风味的各种美味佳肴。就像音乐大师贝多芬，仅用七个基本音符就谱写出了气势磅礴的不朽曲篇一样，我们只要适当的调和五个基本味，也可以烹调出脍炙人口的美味佳肴来。

咸味

咸味是五味中的主味，也是调制各种复合味的基本味，绝大部分菜肴都离不开它。在烹饪上，咸味不仅能够突出原料的香鲜味道，而且有解腻、压异味的作用。

最具特色的咸味调味品是盐和酱油。盐又分为精盐、碘盐、加锌盐和调味盐。酱油有红酱油、白酱油、蘑菇酱油、生抽、老抽、鱼露、美极鲜汁等。此外，豆瓣、甜酱、豆腐乳、干豆豉、

水豆豉也有一定咸味。

辣味

从某种意义上说，辣味确实代表了川菜，辣味在川菜的整体口味中起到了主导作用。在川菜的数十种口味中，都是与辣味有关系的，只不过辣的程度、风格特点、烹调方法、选料品种、调制方法、口感味别不同而已，而这正是川菜受人喜爱的主要原因所在。虽然都是辣味，但是相互之间，从选材到烹饪，直到口味的形成，都是有很大区别的。

川菜中辣味的调味品主要有辣椒、姜、葱、蒜、胡椒、芥末等。辣椒又包括辣椒油、鲜辣椒、干辣椒、辣椒粉、泡辣椒、辣椒酱、朝天椒等。

麻味

人们在食用川菜时，光有辣味是不够的，还需要有特殊芳香气味的"麻味"这一味别。麻味在菜肴调味中刺激性较高并含有挥发性香气，因此，它有增进食欲、帮助消化的作用。麻味在川菜中很少单独使用，一般都是采用"配用"形式，在烹饪中常常与辣味配合使用。

川菜麻味的调味品主要是花椒，包括鲜花椒、

干花椒、花椒油等。

甜味

甜味按照其实际用途讲，仅仅次于咸味，在川菜中，甜味不仅可以独立烹制菜肴，更主要的是还能与其他调料巧妙而又合理地搭配在一起，调制成具有独特风格的菜肴，并烹制出具有典型风味特点的川味名馔。

川菜中甜味的调味品主要有食糖、白糖、冰糖、饴糖、甘草、蜂蜜、各种果酱、水果、果汁、蜜饯、米酒等。

酸味

酸味在众多川菜调味品中具有重要的位置，在川菜中的应用也是十分广泛的，酸味在除腥增鲜方面是其他各味所不及的。酸味还有助于促进钙质吸收和氨基酸类物质的分解，具有保护维生素、刺激食欲、帮助消化等功能。

川菜酸味的调味品主要有醋、番茄酱、柠檬酸、苹果酸、泡菜、酸梅酱等。

川菜的百变味型。

辣椒油味

辣椒油味型是以特制的辣椒油与酱油、白糖、味精调制而成，在四川某些地区，调制辣椒油味时还加醋、蒜泥或香油。辣椒油味型多用于制作凉菜。调制辣椒油味的要领是：其辣味应比麻辣味的辣味轻，回味则要略重于家常味的回甜。

辣椒油味有两种调制方法：一是将辣椒粉装入碗内，将油放入锅熬炼至熟，然后将锅端离火口，待油温稍低时倒入辣椒粉碗内搅匀，使辣椒粉酥香、油呈红色即成；二是将牛角辣椒去蒂，在锅内加入少许植物油，将辣椒倒入锅中用小火焙焦，取出捣细。起油锅，将辣椒烧沸，然后等沸油稍冷，再放入辣椒粉和紫草炒香即可。

姜汁味

姜汁味型是以川盐、白酱油、老姜、醋、味精、香油为原料调制而成，咸酸而姜味浓，成菜食用时有鲜美清爽之感，尤能引诱食欲。

姜汁味的调制方法是老姜洗净去皮切成极细末，与盐、醋、白酱油、味精、香油调匀即成。调制中要在咸味的基础上，重用姜、醋，突出姜、醋的味道。用味精提高姜、醋的浓味，缓和烈味，点缀以香油之香，这样才使姜、醋浓郁宜人，香味突出，酸而不苦，濇而不薄。但应注意味精用量不能过大；盐定咸味，白酱油辅助定味并提鲜。

蒜泥味

蒜泥味型是以川盐、蒜泥、白酱油、红酱油、白糖、辣椒油、味精、香油等原料调制而成。该味型蒜味浓，咸鲜香辣中微带甜，最宜做下饭的菜肴调味。

蒜泥味型的调制方法是：将盐、白酱油、白糖、红酱油溶化和匀，加入味精、蒜泥、辣椒油、香油调匀即成。调制中应在咸鲜微甜的基础上，重用蒜泥，并以辣椒油突出大蒜味，再使味精调和诸味，香油增加香味。

椒麻味

椒麻味型是以川盐、白酱油、葱、花椒、白糖、味精、香油等原料调制而成。咸鲜清香，风味幽雅，其性不烈，与其他复合味都比较适宜，用于凉拌菜肴，四季皆可，佐酒尤佳。

椒麻味型的调制方法是：先将葱、花椒加盐适量铡为极细末，与白酱油、白糖、味精、香油充分调匀即成。在调制过程中，盐定咸味；白酱油辅助盐定味提鲜；白糖和味提鲜；味精提鲜。在此基础上重用葱和花椒，以突出椒麻味；用香油辅助，使椒麻的清香更加反复有味，但香油用量以不压椒麻香味为限。

怪味

怪味，俗称"异味"，因咸、甜、麻、辣、酸、香、鲜各味兼有而得名，最适合用于佐酒菜肴的调味，

四季皆宜。主要以川盐、红酱油、白酱油、味精、芝麻酱、白糖、醋、香油、辣椒油、花椒粉和熟芝麻为原料配制而成。

怪味的调制方法是：先将盐、白糖在红、白酱油内溶化后，再与味精、香油、花椒粉、芝麻酱、辣椒油、熟芝麻充分调匀即成。在调制过程中，以上各调味品组成的咸、甜、麻、辣、酸、香、鲜等各种香味，都应在相应的菜肴中，使食者有所感觉。

芥末味

芥末味主要由川盐、白酱油、芥末糊、香油、味精、醋等原料调制而成，味较清淡，咸、酸、香、冲兼有，爽口解腻，颇有风味，主要适用于凉菜制作，荤素皆宜，深受人们喜爱，宜用作春夏二季的下酒菜肴的佐味。

芥末味的调制方法是：先将盐、白酱油、醋、味精和匀，再加芥末糊调匀，淋入香油即可。在调制中，芥末粉的选择对于味型的质量是十分重要的，从色泽上说应选用黄色为宜，没有腐味最佳，味中咸为本。此外，芥末味型中还要食出适量酸味，这要靠醋来调制，它可以给人以爽口不腻之感，香油是芥末味型中的主要油脂，使菜肴不但细嫩爽口，而且富有诱人之香气，使菜品整体上更加富于"醇香之气"。

麻酱味

麻酱味型是川菜中常见的菜肴味型，主要由川盐、芝麻酱、白酱油、白糖、味精、香油等原料调制而成，一般用于凉菜制作。麻酱味香鲜爽口，香味自然，食用时有直接感，自身败味是其不足，应配以本味鲜美的原料，成菜后为佐酒佳肴，四季皆宜。

麻酱味型的调制方法是：将白酱油、芝麻酱、盐、白糖、香油调匀即成。麻酱味型在调制时要注意芝麻酱的稀稠度，味汁不要过于黏稠，应以"稀粥状"为佳。在麻酱味型的调制中还有一个味别排列顺序的问题，要以"麻酱"之香为主，以咸味为本，以香味为其辅味，三种味道合为一体，才能构成比较完美的麻酱味型。

麻辣味

麻辣味型是最典型的川味，它是以麻辣之调味为主体口味，和其他调料有机结合而产生的一种口感浓厚、余味无穷的菜肴味型。麻辣味厚、鲜而香是麻辣味型的突出特点，广泛应用于冷、热菜式。

麻辣味型的调制方法是：锅置火上，入油烧至八成热，放入辣椒、花椒爆香，调入川盐、味精、料酒，调匀即成。此味型中花椒和辣椒的运用则因菜而异，调制时必须做到辣而不涩、辣而不燥、

辣中有鲜味。因不同菜式风味需要，这个味型还可以加白糖、糖汁、豆豉、五香粉、香油。麻辣味型虽然重用麻辣调味料，但并不是要辣得令人没法食用，而是要掌握"辣而不死，辣而不燥"的原则，还要使人感到有鲜味。

椒盐味

椒盐味是川菜的常用味型之一，主要以花椒、川盐调配而成，咸而香辣，四季皆宜。椒盐味在组合上虽然比较单纯，但是风格独具，都是佐以有咸鲜味基础的和本味鲜美的菜肴。

椒盐味的调制方法是：先将盐炕干炒熟舂至极细粉末，花椒炕熟舂至极细粉末，然后将花椒粉与盐按照 1:4 的比例配制，现制现用，不宜久放。

糖醋味

糖醋味是川菜中较为普遍的菜肴口味，是以调料之名命名的一种味型，以糖、醋为主要原料，以甜味和酸味为其整体味型。糖醋味醇厚而清淡，和味、改味、除腻作用很强。

糖醋味的调制方法是：先将盐、白糖在白酱油、醋中充分溶化后，加入香油调匀即成。以糖醋味型为主体口味制成的菜肴，在川菜中还是占有一席之地的，适用范围也很广泛，所制菜肴既可以登大雅之堂，跻身名菜名肴之列，又可以制作名点便餐，如糖醋里脊、糖醋肉片、糖醋五柳鸡、糖醋扇贝等，荤食素食均可。

酸辣味

酸辣味是川菜中一种较为常见的，但是又比较有特点的一种菜肴味型。它以醋和胡椒粉为主要

调味品，并以食用酸味和辣味为主体口味，在川菜中运用十分普遍。酸辣味的特点是口感润滑、醇酸微辣、咸鲜味浓、爽口不腻。

酸辣味以川盐、醋、胡椒粉、味精、料酒调制而成。调制酸辣味必须掌握以咸味为基础，酸味为主体，辣味助风味的原则。在制作冷菜的酸辣味过程中，应注意不放胡椒，而用辣椒油或豆瓣。

陈皮味

陈皮味是川菜中较为特殊的一种类别，以干陈皮、干辣椒节、花椒、川盐、料酒、辣椒油、醪糟、白糖、味精、姜片、葱结、香油、鲜汤调制而成，主要用于凉菜制作。具有色泽棕红、陈皮味浓，麻辣鲜香、略带回甜的特点。

陈皮味型的调制方法是：先将陈皮切成小块，码味过油后备用；锅置火上，入油烧热，放入干辣椒节、花椒、陈皮、葱、姜、蒜炒出香味，放入主料，倒入鲜汤，再加盐、料酒、白糖、醪糟汁，小火收汁后下辣椒油、味精、香油起锅即成。

五香味

五香味型的主要原料通常有山柰、大料、丁香、小茴香、甘草、沙头、老寇、肉桂、草果、花椒，这种味型的特点是浓香鲜咸，冷、热菜式都能广泛适用。

调制方法是将上述香料加盐、料酒、老姜、葱和水制成

卤水，再用卤水来卤制菜肴。

鱼香味

鱼香味菜肴具有咸、甜、酸、辣兼备，姜、葱、蒜味浓郁，色泽红亮的特点，是川菜中独有的一种特殊味

型。鱼香味源于四川民间独具特色的烹鱼调味的方法，故名"鱼香味"，但是调制鱼香味时，并不真的使用鱼，因此被人们誉为"川菜一绝"。

鱼香味的具体调制方法是：锅置火上，入油烧热，下泡红辣椒炒出香味，再下姜、蒜炒香，迅速烹入白酱油、醋、白糖、味精，再放入葱炒出味，起锅装盘即可。

泡红辣椒经过调和烹制，发生色香的变化；而姜、蒜、葱在高温条件下所挥发出来的醇类、醛类等物质，在烹炒时会产生别致的味道，这种别致的香味和独特味道的和谐统一，就形成了独具特色的"鱼香味"。

荔枝味

荔枝味型是川菜中较为常见的一种菜肴味型，为典型的复合型口味，因似荔枝的鲜味得名。荔枝味清淡而鲜美，有和味、解腻、除异味的作用，且能与其他复合味配合，四季皆宜，佐以下酒下饭的菜肴均可。

荔枝味型的主体口味是"酸甜"，以酸味为主，以甜味为辅，以咸味为本，以鲜味为要，醋和白糖是构成荔枝味型的主要调料，它们调制的合理与否，在味型的构成中起着决定性的作用。

糊辣味

糊辣味的味型特点是香辣咸鲜、回味略甜，广泛用于热菜。

糊辣味的调制方法是：锅置火上，入油烧热，放入干辣椒、花椒爆香，调入盐、酱油、醋、白糖、姜、葱、蒜、味精、料酒，用大火调匀即成。辣香是这种味型的重点，这种辣香是将干辣椒节在油锅里焙，使之成为糊辣椒壳而产生的味道。干辣椒节火候不到或火候过头都会影响糊辣香味的产生，因此要特别留心。

咸鲜味

咸鲜味在热菜中运用十分广泛，其味型特点是咸鲜清爽、本味独特。咸味在菜肴制作过程中所起的作用不可小觑，历来被认为是"百味之首，味中之本"。咸鲜味的调料中盐起到关键定味的作用，控制咸味的浓淡。

咸鲜味型主要是由盐、味精、麻油、胡椒、葱、姜、糖、酱油等原料调制而成。咸鲜味传统上分为盐水咸鲜、白油咸鲜、本味咸鲜，然而，随着川菜味型的改革创新，又发展出了新的味型，如咸鲜海鲜味、咸鲜花香味、咸鲜蛋黄味、咸鲜药香味等。

咸甜味

咸甜味是川菜常用味型之一，是以咸味为主，甜味为辅的复合味，主要由川盐、冰糖、糖色、料酒、五香粉、花椒、味精、

胡椒粉、姜、葱等原料调制而成。此味型清淡浓厚兼之，咸甜鲜香，醇厚爽口，四季皆宜，一般用于烧菜类，佐以酒饭均宜。

咸甜味的调制方法是：先将原料入锅烧沸，放入糖色、料酒、葱、姜、花椒、五香粉、盐，用

量以微带咸味为度，烧熟后放入冰糖再加一次盐，用量以咸甜适宜为佳，收浓汁，起锅前拣去姜、葱，放入胡椒粉、味精炒匀，起锅即可。

家常味

家常味型在川菜中用途广泛，其制作简便，主要是由郫县豆瓣、豆豉、川盐、混合油、白酱油、蒜苗等原料调制而成。此味型浓厚纯正、咸鲜香辣，四季皆宜。

家常味型的调制方法是：锅置火上，入油烧热，放入原料炒香，加盐，炒干水分至油亮，下郫县豆瓣炒香上色，放入豆豉、蒜苗炒香，加适量白酱油炒匀，起锅即可。

豆瓣味

豆瓣味型醇厚，虽浓香但是不压原料本味的鲜，用以成菜，味道独特。此味型是将豆瓣味醇厚、荔枝味可口的两种优点融为一体。

豆瓣味的调制方法是：先将豆瓣剁细，锅置火上，入油烧热，下豆瓣炒香后下入其他原料一起炒，然后加葱、姜、蒜、醋、料酒、白糖、白酱油，倒鲜汤，烧沸入味，至熟，将原料捞出装盘，收浓汁后，再放入醋、味精、葱花，入味后淋在原料上即可。

甜香味

甜香味是川菜的常用味型之一，在冷菜中，其口味特点主要体现为甜香清爽；在热菜中，其口味特点主要体现为甜香醇浓。

甜香味主要是用白糖、冰糖、蜂蜜、饴糖、红糖等甜味原料，配合水果、干果、蜜饯、可可粉、巧克力、鲜花、醪糟、牛奶、马奶、羊奶或者奶酪炼乳等原料，可以调制出甜香系列风味。

烟香味

烟香味型所讲的"烟"指的是一种专门用来熏制食品的燃料在燃烧时所释放出来的带有香气的"烟"。烟香味型的特点是咸鲜纯浓、香味独特。

烟香味主要是以稻草、柏枝、花生壳、糠壳、锯木屑等熏制材料，利用其不完全燃烧时产生的浓烟，使腌渍入味的鸡、鸭、鹅、兔、猪肉、牛肉等原料再吸收或者黏附一种特殊的香味。

糟香味

糟香味型是川菜中热菜和凉菜的常用味型之一，主要是以醪糟汁、川盐、味精、胡椒粉、葱、蒜、姜调制而成，特点是糟香味浓、咸味回甜。

糟香味的调制方法是：先将醪糟中加川盐、味精、胡椒粉调成滋汁，待主料加热后，加入葱、姜、蒜炒香，烹入滋汁炒匀即成。

酱香味

酱香味是以甜酱、川盐、料酒、鲜汤为主要原料调制而成的，具有味香甜鲜、酱香浓郁的特点。因不同菜肴风格的需要可以适量加酱油、白糖或胡椒粉以及葱、蒜。

酱香味型的调制方法是：锅置火上，入油烧热，放甜酱炒香，放鲜汤、盐、料酒与主料同烧至入味熟软，放入味精，将主料装盘，锅内汤汁勾芡，放香油，淋于主料上即可。

茄汁味

茄汁味型是近年来引进并发展起来的味型，主要是以番茄酱、精盐、料酒、白糖、白醋、味精、鲜汤、水豆粉、油调制而成。该味型的特点是色泽红亮、酸甜带咸、香鲜宜人，多用于煎炸类菜肴。

茄汁味的调制方法是：锅置火上，入油烧热，用小火将番茄酱炒出色，放鲜汤、精盐、料酒、白糖，味正后加入味精、白醋，勾芡起锅即成。

川菜的特色烹调法

急火快炒

急火快炒是川菜中颇具特色的烹调方法。炒这种烹饪方法有一个显著的特点：成菜迅速。营养学家认为炒是比较科学的一种烹饪方法，因为它加热时间不长，成菜迅速，对原料中包含的营养成分破坏极小。爆炒、熘炒都属于这一类烹饪方法，成菜细嫩鲜香，突出原材料的嫩，突出过程的快。

代表菜肴：辣子鸡，鱼香肉丝。

干煸

干煸是川菜中很有特色的一种烹调方法，成菜具有干香酥软的特点，确切地来说，干煸是一种将经过适当加工处理的原料放入锅内干炒至酥至香的一种菜肴制作方法。在采用干煸法制作菜肴时，要根据原料的不同特点采取不同方法，将原料体内的水分收干，干煸的材料不论荤素，都是既不上浆也不挂糊，只有这样，在制作时才能显示干煸的特点。在干煸过程中火候的运用就十分重要，这被看作菜肴制作的核心。干煸既可以认为是一种菜肴制作方法，也可以看作是菜肴在火候运用上的特点。

代表菜肴：干煸四季豆，干煸牛肉丝。

油爆

油爆菜是川菜中最常用的烹调方法之一，属于爆炒的范畴，成菜形状美观，嫩脆滑爽，紧汁亮油。油爆是指将用刀切好的小型材料下水煮四分熟后取出，沥干水分，立刻放入八九成热的油锅中炸至七分熟即捞出，然后再将沥过油的材料放入小油锅中，将事先准备好的勾芡汁倒入，调匀，这时材料刚好成熟即完成，不但口感好，而且成菜美观。

代表菜肴：油爆腰花。

干烧、家常烧

干烧是指主料经过油炸后，另炝锅加调辅料添汤干烧，一般的烧菜最后要加水淀粉勾芡，但是干烧不同，其汤汁的收稠不是靠"勾芡"来完成，而是将其上火，慢慢将水分收干，使汤汁变稠。

代表菜肴：干烧鱼翅，干烧鲫鱼。

家常烧是指在某些菜肴中以四川郫县豆瓣为其主要调味品，并且又以豆瓣酱本身所固有的咸辣之味作为所制之菜肴的主体味型，这在川菜中通常被称为"家常"，所制作的菜肴历来被认为是川菜中的名馔佳肴。

代表菜肴：家常海参，鱼香茄条。

干蒸（旱蒸）、粉蒸

干蒸（旱蒸）是川菜里很有特色的一种烹调方法，原料在蒸的时候，不加任何汤水和配料，只要把原料腌渍入味，加些葱、姜即可，有的干蒸需要放入容器中加盖或用皮纸封口后再蒸制，调味宜淡不宜

咸。从口味上讲，干蒸是以味厚重为主。

代表菜肴：干蒸鱼，干蒸山药。

粉蒸是蒸菜的烹饪方法之一，在川菜中运用也十分广泛，所制的菜肴更能体现出川菜之风范。它是指将原料加工成片状、块状或条状，用炒米粉、调味料和适量汤汁拌匀，加上一定量的熟花生拌匀后再入蒸笼蒸制。

代表菜肴：粉蒸肉，粉蒸排骨。

四川火锅

四川火锅以麻、辣、鲜、香著称，它来源于民间，升华于庙堂，无论是贩夫走卒、达官显宦、文人骚客、商贾农工，还是红男绿女、黄发垂髫，其消费群体涵盖之广泛、人均消费次数之多，都是其他菜品望尘莫及的。从古到今，火锅已成为四川美食的代表。

四川火锅用料十分广泛，制作精细，鲜香味

美，口味大众化，老少咸宜。四川火锅的品种很多，干锅是相对于火锅而得名的。火锅汤汁多，可以涮烫各种原料，而干锅相对汤汁较少。干锅可以根据不同的原料搭配不同的辅料，能起到口感互补的作用。四川火锅对原料的要求比较复杂，对原料的选用加工要求很高，对汤汁的调配也很讲究，对配方、火候、操作过程的要求较高，此外还涉及味碟的变化和运用。

代表火锅：鱼头火锅，毛肚火锅，红汤酸菜鱼火锅，水煮鱼火锅，毛血旺火锅。

川菜常用的调味料

1. 胡椒

胡椒辛辣中带有芳香，有特殊的辛辣刺激味和强烈的香气，有除腥解膻、解油腻、助消化、增添香味、防腐和抗氧化作用，能增进食欲，可解鱼虾蟹肉的毒素。胡椒分黑胡椒和白胡椒两种。黑胡椒辣味较重，香中带辣，散寒、健胃功能更强，更多地用于烹制内脏、海鲜类菜肴。

2. 花椒

花椒果皮含辛辣挥发油及花椒油香烃等，辣味主要来自山椒素。花椒有温中气、减少膻腥气、助暖作用，且能去毒。

花椒在咸鲜味菜肴中运用比较多，一是用于原料的先期码味、腌渍，起去腥、去异味的作用；二是在烹调中加入花椒，起到避腥、除异、和味的作用。

3. 二荆条辣椒

二荆条辣椒以成都牧马山出产的最为出名，成都以及周围各县都有种植。二荆条辣椒形状细长，每年 5~10 月上市，有绿色和红色两种，绿色辣椒不采摘继续生长就会变为红色。

二荆条辣椒香味浓郁、香辣回甜、色泽红艳，可以做菜，制作干辣椒、泡菜、豆瓣酱、辣椒粉、辣椒油。

4. 子弹头辣椒

子弹头辣椒是朝天椒的一种，因为形状短粗如子弹而得名，在四川很多地方都有种植。

子弹头辣椒辣味比二荆条辣椒强烈，但是香味和色泽却比不过二荆条辣椒，可以制作干辣椒、泡菜、辣椒粉、辣椒油。

5. 七星椒

七星椒是朝天椒的一种，属于簇生椒，产于四川威远、内江、自贡等地。

七星椒皮薄肉厚、辣味醇厚，比子弹头辣椒更辣，可以制作泡菜、干辣椒、辣椒粉、糍粑辣椒、辣椒油。

6. 小米辣椒

小米辣椒产于云南、贵州，辣味是所介绍的几种辣椒中最辣的，但是香味不浓，可以制作泡菜、干辣椒、辣椒粉、辣椒油等。

第二章

经典川菜

片大而薄，粑糯入味，麻辣鲜香，细嫩化渣。

夫妻肺片

主料： 牛肉100克，牛百叶、牛舌、牛心各100克，芝麻30克，盐炒花生仁50克。

辅料： 辣椒油10克，花椒粉5克，盐5克，味精3克，酱油8克，料酒10克，香油5克，大料10克，葱30克。

制作过程：

① 香葱洗净，切粒；芝麻炒香。

② 盐炒花生仁研成颗粒状。

③ 牛肉、牛百叶、牛舌、牛心处理干净，放入沸水锅中，加入大料、料酒煮熟后捞起，沥干水分，放凉备用。

④ 将晾好的肉均切成长约6厘米、宽约3厘米的薄片，装入盘内。

⑤ 将盐炒花生仁颗粒、芝麻装在碗中，加入辣椒油、味精、盐、酱油、花椒面、香油调成麻辣味汁。

⑥ 将味汁淋在牛肉片上，撒上香葱粒即成。

品菜说典

夫妻肺片的来历

早在清朝末年，成都便有许多叫卖凉拌肺片的小贩。他们将碎牛杂经加工、卤煮后切片，佐以调料拌食，风味别致，价廉物美，特别受穷苦大众的喜爱。成都有一对夫妇，他们所售肺片实为牛头皮、牛心、牛舌、牛百叶、牛肉，并不用肺，因注重选料，调味讲究，深受食客喜爱。为区别于其他肺片，人们便称之为"夫妻肺片"。

佐料丰富，集麻辣鲜香嫩爽于一身，有"名驰巴蜀三千里，味压江南十二州"的美称。

口水鸡

主料：鸡肉500克。
辅料：植物油30克，花椒、盐各3克，水淀粉、料酒、酱油、豆瓣酱、姜片、芝麻各10克，葱花、蒜末各10克。

制作过程：

①鸡肉处理干净，斩成条，加盐、水淀粉拌匀，腌渍备用。

②锅置火上，下芝麻炒香备用。

③锅中烧水，放入鸡肉、姜片，煮至鸡肉断生后捞出，凉凉后摆盘。

④净锅置火上，入油烧热，放入花椒、姜、蒜爆香。

⑤再调入料酒、酱油、豆瓣酱炒匀，即成味汁。

⑥将味汁淋在盘中的鸡肉上，撒上葱花、芝麻即可。

小贴士
高血压、高血脂、胆囊炎患者忌食。

品菜说典
口水鸡的来历
"口水鸡"这个名字乍听有些不雅，脑子里随之就会出现一幅口水嗒嗒的画面。不过这名字的来历却有着文人的温雅，郭沫若先生曾在一篇文章中写道："少年时代在故乡四川吃的白斩鸡，白生生的肉块，红殷殷的油辣子海椒，现在想来还口水长流……"先生随手拈来"口水"两字，倒成就了今天大名鼎鼎的"口水鸡"。

麻辣入味，皮韧肉香，老少咸宜。

泡椒凤爪

主料：鸡爪 500 克。

辅料：盐、鸡精各 3 克，料酒、白醋各 10 克，干辣椒 50 克，野山椒 100 克，生姜 20 克，葱 30 克。

制作过程：

1 鸡爪洗净，剪掉趾甲。

2 生姜洗净，切片；香葱切段。

3 锅置火上，将凤爪入沸水中汆烫至断生后捞出。

4 用清水冲洗掉鸡爪表面的油腻。

5 将红椒、野山椒、盐、鸡精、白醋和姜片加入适量凉开水调成泡汁。

6 将鸡爪放入泡汁中浸泡 2 天，取出装盘即可。

大厨献招：

泡椒凤爪制作时要选用大个雪白的鸡爪，泡制过程尽量在阴凉的地方进行。

小窍门

选购白醋

挑选白醋时要注意看配方表。市面上的白醋有两种，一种配方是食用醋酸，另一种配方中写的是纯粮酿造，要挑选纯粮酿造的白醋比较好。

色泽红亮，香味浓郁，回味悠长，营养丰富。

川味香肠

主料：猪肉 500 克，猪小肠 1 根。

辅料：盐 3 克，味精 1 克，白糖 10 克，醋、白酒各 3 克，花椒粉、海椒粉各 5 克。

制作过程：

① 猪肉处理干净，切碎装盘备用；猪小肠洗净，翻面备用。

② 猪肉加盐、白糖、味精、花椒粉、海椒粉、白酒搅拌均匀，腌渍 20 分钟成馅料。

③ 将肠子的一头用棉绳扎好，另一头套入竹筒。

④ 在肠子内灌入馅料，直至灌饱满。

⑤ 将另一头扎好。

⑥ 用针在肠面扎孔，排除空气水分，防止胀破肠衣。

⑦ 将制好的香肠挂起风干 6 天。最后将风干的香肠烟熏 10 分钟，食用时煮熟切片装盘即可。

小贴示

如果要突出麻辣味，在拌味时，可加大辣椒粉、花椒粉的用量。但辣椒粉必须选用上好的二荆条辣椒制成的辣椒粉；花椒应选用优质四川汉源花椒制成的花椒粉，这样制出的香肠效果更佳。

选料严谨，制作考究，成菜色泽金红，外酥里嫩，味道鲜美，
具有特殊的樟茶香味。

四川樟茶鸭

主料：鸭子1只，樟树叶、花茶各20克。

辅料：大料9克，花椒9克，陈皮7克，桂皮15克，排香草7克，草果7克，盐50克，葱段20克，姜片10克，色拉油1000克，柏树叶600克，樟树叶100克，樟木屑50克，红茶150克，橘皮50克。

制作过程：

1. 鸭子处理干净，备用。

2. 将花椒、大料、葱、姜、草果等各种香料用布袋扎好，扎紧口。

3. 将扎好的香料放入锅内，加足水，放入盐、香葱段、姜片，上火烧沸，煮成卤水，撇净表层的浮沫杂质，凉凉。将鸭子浸入卤水中，使卤水没

过鸭肉（春季、冬季约浸泡6小时，夏、秋季节约浸4小时，过久鸭皮会变黑）。

4. 浸好后将鸭子捞出，沥干水分。

5. 将柏树叶、樟树叶、樟木屑、红茶、橘皮等熏料放入熏炉中点燃，放入鸭子，熏大约15分钟。翻转鸭身，熏烤至鸭皮呈淡黄色后取出。

6. 将烤好的鸭子上笼蒸2小时，约至七成熟。

7. 锅置火上，入油烧至七成热，放入鸭子炸至金黄且皮酥肉熟时捞出。

8. 将鸭子斩块装盘即可。上桌时跟甜面酱和葱花味碟。

凉拌肚丝

菜品特色：色泽光亮，柔嫩爽脆，令人胃口大开。

主料：猪肚 400 克。

辅料：盐 3 克，醋 8 克，生抽 10 克，辣椒油 5 克，葱 50 克，蒜 30 克。

制作过程：

① 猪肚处理干净，切丝。

② 把猪肚丝放入沸水中汆烫，捞起沥干水分，装盘备用。

③ 香葱洗净，切花；蒜去皮，切末。

④ 猪肚丝加盐、醋、生抽、蒜末拌匀，淋上辣椒油，撒上葱花即可。

小窍门

猪肚好吃，但是清洗麻烦。可先将猪肚放入盐、醋混合液中浸泡片刻，再将其放入淘米水中泡一会儿，然后在清水中轻轻搓洗两遍即可。

小贴示

猪肚含蛋白质、脂肪、多种无机盐和维生素，有补虚损、健脾胃的功效。猪肚不宜贮存，应随买随吃。在选购猪肚时应注意，呈淡绿色、粘膜模糊，组织松弛、易破，有腐败恶臭气味的猪肚不要购买。另外，猪肚不宜与莲子同食，以免中毒。

小葱皮蛋拌豆腐

菜品特色：清新醇厚，葱香四溢。

主料：豆腐 400 克，皮蛋 1 个，熟花生米、熟白芝麻各 10 克。

辅料：盐 3 克，辣椒油、酱油、醋各 5 克，葱、红椒各 50 克。

制作过程：

① 豆腐洗净，切成块，入沸水中汆烫后，沥干水分，装盘。

② 皮蛋去壳，切块，置于盘中豆腐上。

③ 红椒洗净，切丁；香葱洗净，切花。

④ 碗内加盐、酱油、辣椒油、醋、红椒丁、葱花拌匀调成味汁。

⑤ 将味汁浇在盘中的皮蛋与豆腐上，再撒上花生米、白芝麻即可。

小窍门

一般在超市买的豆腐都是盒装的，倒出来非常容易碎。其实在取豆腐时，只要在盒底开四个口，使空气进入盒中，就可以轻易地倒出完整的豆腐。

小贴示

豆腐含有丰富的蛋白质、钙等营养成分，而葱中含有大量草酸。当豆腐与葱合在一起时，豆腐中的钙与葱中的草酸结合形成白色沉淀物草酸钙，草酸钙是人体难以吸收的，所以此菜不宜常吃。

四川泡菜

菜品特色：酸辣鲜香，诱人食欲。

主料：胡萝卜100克，白萝卜100克，莴笋100克，包菜100克。

辅料：盐3克，醋、白酒、糖、花椒各5克，泡椒、辣椒油各10克，生姜、葱各50克。

制作过程：

① 将包菜、胡萝卜、白萝卜、莴笋、泡椒洗净；包菜切片，胡萝卜、白萝卜、莴笋切小方块，泡椒切段；香葱洗净，切段。

② 泡菜坛内放入盐、醋、生姜、泡椒、花椒、白酒、糖，再冲入凉开水，放入包菜、胡萝卜、白萝卜、莴笋等搅匀，封上坛口腌渍8小时。

③ 捞起装盘，撒上辣椒油、葱花即可。

川香蕨根粉

菜品特色：麻辣过瘾，开胃消食。

主料：蕨根粉200克，红辣椒30克。

辅料：植物油30克，盐5克，蒜30克，醋、辣椒油、香油各5克，花生仁、熟芝麻各10克。

制作过程：

① 蕨根粉用温水泡发待用；红辣椒去蒂洗净，切圈；蒜去皮洗净，切末。

② 锅置火上，注水烧沸，放蕨根粉煮8分钟，捞出放入盘中。

③ 净锅置火上，入油烧热，下蒜，红辣椒、花生仁、熟芝麻爆后盛入盘中，调入盐、醋、辣椒油、花生仁、香油，搅拌均匀即可。

老醋花生米

菜品特色：色泽红亮，麻辣酥香，为下酒小菜。

主料：花生米200克，洋葱100克，陈醋5克。

辅料：植物油30克，盐3克，青椒、红椒各50克，香菜30克。

制作过程：

① 洋葱洗净，切块；青、红椒均洗净，切片；香菜洗净，切段。

② 锅置火上，入油烧热，放入花生米炸香，加入洋葱、青椒、红椒同炒片刻。

③ 调入盐、陈醋稍煮，放入香菜拌匀，起锅装盘即可。

鲜香细嫩，辣而不燥，略带甜酸。

宫保鸡丁

主料： 鸡脯肉 350 克，炸花生米 150 克。

辅料： 植物油 30 克，干辣椒、葱段各 50 克，水淀粉 15 克，醋、鸡精、盐、料酒各 5 克，鸡汤 500 毫升。

制作过程：

① 鸡脯肉洗净，切成 2 厘米见方的丁。

② 鸡丁加盐、料酒腌制入味，用水淀粉上浆。

③ 锅置火上，入油烧热，下鸡丁滑熟，捞出沥油。

④ 净锅置火上，入油烧热，下干辣椒、葱段、姜爆香。

⑤ 倒入鸡汤，加盐、味精、白糖、酱油、料酒调味，下鸡丁炒匀。

⑥ 加淀粉勾芡，加花生米稍炒后，起锅装盘即可。

大厨献招：

选择肉质鲜嫩的鸡脯肉会让此菜风味更佳；不宜烹饪过久，最好用大火爆炒，味道会更好。

品菜说典

宫保鸡丁的来历

"宫保鸡丁"是以四川总督丁宝桢的加衔"太子少保"命名的。丁宝桢有一次外出公干，日落时方偕友同归，众人饥肠辘辘。家厨现抓鸡丁、辣子、花生米等原料急炒成菜，竟大受赞赏。宫保鸡丁一时风靡蜀都。

小贴示

花生最好熟吃

有人喜欢吃生花生，认为这样有营养，还有的家长更是经常把花生当零食来满足小孩子的馋嘴，这样做都是不健康的。花生含脂肪和油量比较多，在人体肠胃内消化吸收比较缓慢，大量生吃会引起消化不良。而且花生在泥土里生长，常被寄生虫卵污染，生吃容易引起寄生虫病。另外花生还可能被鼠类所污染，生吃容易染上自然疫源性疾病，特别是流行性出血热。因此，花生最好是烹饪熟后食用。

色泽红亮，口味独特，肉片柔香，香气浓郁，肥而不腻。

回锅肉

主料：连皮猪后腿肉300克，蒜苗100克。
辅料：植物油30克，老姜、郫县豆瓣、永川豆豉各10克，酱油、白糖各5克，盐、味精各3克，甜酱15克。
制作过程：

①猪肉处理干净，放入冷水锅中，加入洗净拍松的老姜，置火上煮开，待肉熟至八九分熟时捞出，肉汤留用。

②煮好的猪肉切成片。

③郫县豆瓣剁细，蒜苗洗净切成段。

④锅置火上，入油烧热，下肉片炒至吐油呈"灯盏窝"。

⑤锅内加盐、甜酱、豆瓣翻炒至上色，再加豆豉、酱油、白糖继续翻炒。

⑥最后放入蒜苗炒至断生，调入味精炒匀，起锅即成。

品菜说典

回锅肉的来历

回锅肉是一道传统川菜，又称熬锅肉，传说这道菜是从前四川人初一、十五打牙祭（改善生活）的当家菜。当时的做法多是先白煮，再爆炒。到了清末时，成都有位姓凌的翰林，因宦途失意退隐居家，潜心研究烹煮。他将猪肉先煮后炒的回锅肉改为先将猪肉去腥味，以隔水容器密封后蒸熟再煎炒成菜。因为久蒸至熟，减少了可溶性蛋白质的流失，从而保持了肉质的浓郁鲜香，原味不失，色泽红亮。

具有咸、甜、酸、辣、鲜、香等特点，用其烹饪滋味极佳。

鱼香肉丝

主料：猪瘦肉 200 克，水发木耳、水发玉兰片各 50 克。

辅料：葱花、蒜末、泡红辣椒各 30 克，盐、白醋、味精各 3 克，白糖、酱油各 5 克，水淀粉 10 克，料酒 15 克，鲜汤 300 毫升。

制作过程：

1 猪肉洗净，切成均匀的粗丝；泡红辣椒剁成细末备用。

2 把猪肉丝放入碗中，加料酒、盐、水淀粉拌匀。

3 水发木耳、水发玉兰片切成细丝。

4 将白糖、醋、酱油、水淀粉、鲜汤、味精兑成芡汁。

5 锅置火上，入油烧热，放入肉丝快速炒散。

6 煸炒片刻后倒入芡汁，待汤汁浓稠时立即下泡红辣椒、姜末、蒜末炒香，起锅装盘即可。

大厨献招：

糖、醋的比例要恰当，成菜酸味要大于甜味。

品菜说典

鱼香肉丝的来历

相传很久以前有家人很喜欢吃鱼，很讲究调味，烧鱼的时候总要放一些去腥增味的调料。有一次，女主人在炒肉丝时，将上次烧鱼时用剩的调料都放进菜里了，本来还担心不好吃，不料男主人品尝后却连连称赞其味。由于这道菜是用烧鱼的调料来炒的，因此取名为鱼香肉丝。

肉质红亮，咸鲜适度，并具熏香之味，酒饭均宜。

四川腊肉

主料：腊肉300克。
辅料：植物油30克，盐1克，蒜50克，青椒、黄椒、红椒各50克，干辣椒30克。
制作过程：
① 腊肉洗净，氽水。
② 将腊肉捞出，控水，切薄片。
③ 青椒、黄椒、红椒洗净，切块；干辣椒洗净；蒜苗洗净切段。
④ 锅置火上，入油烧热，放入干辣椒爆香。

⑤ 放入腊肉大火爆炒至变色。
⑥ 放入蒜苗、青椒、红椒、黄椒，炒至断生，最后调入盐，炒熟即可。

小窍门

腊肉的保存方法

腊肉一般在室外温度15℃以下，挂在阳台通风处（高处），可存放3个月以上，如直接放入冰箱冷冻室，保质期可达1年，冷冻不影响腊肉的口感。

焦香爽脆，口味咸香辣，色泽嫩绿，清新爽口，口感丰富，回味余长。

干煸四季豆

主料：四季豆 500 克，猪瘦肉末 50 克。

辅料：郫县豆瓣酱 10 克，干辣椒段 20 克，酱油 10 克，盐 3 克，味精 3 克，白糖 2 克，香油 2 克，葱末、姜末、蒜末各 5 克，色拉油 500 克。

制作过程：

① 四季豆择洗干净，切成 4 厘米长的段。

② 将四季豆放入加了盐的沸水中汆烫后捞出，过凉水，沥干水分。

③ 锅置火上，入油烧热，下入四季豆炸熟后倒出。

④ 锅内留底油，下肉末炒散。

⑤ 下入豆瓣酱、干辣椒段、葱末、姜末、蒜末炒香。

⑥ 最后将炸好的四季豆倒入锅中，调入酱油、盐、白糖、味精炒匀，淋香油，起锅装盘即可。

大厨献招：

没有熟透的四季豆会引起食物中毒，因此在炸的时候一定要将其炸透，将炸透后的四季豆再次入锅和调料一起炒匀即可，炒的时间不要过长，避免色泽发黑。

小贴士

夏天多吃一些四季豆有消暑、清口的作用。易腹胀者不宜多吃。

小炒脆骨

菜品特色：干香酥脆，麻辣味厚。

主料：猪脆骨300克，蒜薹50克。

辅料：植物油30克，盐3克，味精4克，酱油10克，醋5克，红椒、豆豉各30克。

制作过程：

① 猪脆骨洗净，切条；蒜薹洗净，切段；红椒洗净，切圈。

② 锅置火上，入油烧热，下豆豉炒香，倒入猪脆骨炒至变色，加入蒜薹、红椒一起炒匀。

③ 炒至熟后，加入盐、味精、酱油、醋调味，起锅装盘即可。

麻辣猪肝

菜品特色：麻辣鲜香，营养丰富。

主料：猪肝200克，花生100克，姜、辣椒、葱各50克，花椒5克。

辅料：植物油30克，盐、味精各3克，酱油、香油各10克。

制作过程：

① 猪肝清理干净，切块，加盐、味精、酱油腌渍15分钟。

② 葱洗干净，切段；姜、辣椒、洋葱洗净，切片。

③ 锅置火上，入油烧热，下入辣椒、姜片炒香。

④ 放入猪肝炒熟，加洋葱略炒。

⑤ 加盐、味精、酱油、香油、香葱，翻炒均匀，起锅装盘即可。

爆炒肥肠

菜品特色：香气浓郁，肥而不腻。

主料：猪大肠300克，蒜苗20克。

辅料：植物油30克，盐3克，味精2克，酱油5克，辣椒、红油各适量。

制作过程：

① 猪大肠治净，切成小块，用盐、酱油腌渍15分钟备用。

② 蒜苗洗净，切成段；辣椒洗净，切成丁。

③ 炒锅置火上，放油烧至六成热，下入辣椒爆香，放入猪大肠煸炒至香气浓郁。

④ 加入盐、味精、红油、蒜苗调味，翻炒均匀，出锅盛盘即可。

主要原料由豆腐构成，其特色在于"麻、辣、烫、香、酥、嫩、鲜、活"八字，称之为"八字箴言"。

麻婆豆腐

主料: 牛肉 200 克，豆腐 400 克，青蒜苗 100 克。

辅料: 植物油 30 克，酱油、豆豉各 10 克，盐、味精、辣椒粉、花椒粉各 5 克，水淀粉 15 克，肉汤 300 毫升。

制作过程:

1. 牛肉处理干净，切成末；蒜苗切丁备用。
2. 豆腐切成小方块，入沸盐水中汆烫后捞出，沥干水分。
3. 锅置火上，入油，小火烧热，加入牛肉末炒至黄色。
4. 下盐、豆豉炒匀，再放辣椒面炒出辣味。
5. 锅中续加热水，放入豆腐炖 3~4 分钟，加酱油、味精调味。
6. 下淀粉勾芡，翻炒几下，盛入碗中，撒上花椒粉、蒜苗丁即成。

大厨献招:

豆腐块须用沸盐水浸泡，水温应保持在 70℃左右，才能保证豆腐质嫩，并有效除去石膏味、豆腥味，并且在烧制过程中有棱有角，不易碎。豆腐入锅后应少搅动，保持块形完整。

品菜说典

麻婆豆腐的来历

麻婆豆腐是四川著名的特色菜。相传清代同治年间，四川成都北门外万福桥边有一家小饭店，店主妇陈菜善于烹制菜肴，地用豆腐、牛肉末、辣椒、花椒、豆瓣酱等烧制的豆腐，麻辣鲜香，味美可口，十分受欢迎。当时此菜没有正式名称，因陈妇脸上有麻子，人们便称其所制的豆腐为"麻婆豆腐"。

肉丸红润油亮，味浓醇香，以青菜点缀色彩鲜艳，令人食欲大增。

狮子头

主料：五花肉 500 克，荸荠 5 克，火腿 25 克，菜心 100 克，金钩（海米）10 克，鸡蛋清 2 个，水发玉兰片 50 克。

辅料：猪油 500 克（实耗 150 克），水淀粉 15 克，盐、味精、胡椒粉、酱油各 5 克，姜、葱花、料酒各 10 克，鸡油 30 克，鲜汤 300 毫升。

制作过程：

① 火腿、玉兰片切成骨牌片；荸荠洗净去皮，切末；金钩用水泡发，姜洗净，姜去皮，剁成末。

② 猪肉剁成末，放入大碗中，加入荸荠末、鸡蛋液、盐、酱油、胡椒粉、味精、水淀粉拌匀，分成四份。

③ 将拌匀的猪肉捏成略扁的四个丸子备用。

④ 锅置火上，注入油烧至七成热，将丸子放入油锅中炸至金黄色。

⑤ 捞起放入碗中，加入酱油、料酒、鲜汤、葱花，入笼蒸约 2 小时待用。

⑥ 另取锅置火上，注入油烧至四五成热，加入菜心、玉兰片、火腿、金钩炒一下，再加入少许鲜汤，将丸子放入同烧。

⑦ 起锅前加入胡椒面、味精、水淀粉、鸡油、勾芡汁，将丸子装盘。

⑧ 最后，将烧好的菜与汤汁淋在丸子上即可。

大厨献招：五花肉以猪瘦肉七成、肥肉三成为佳，猪肉末不要剁得太细。

入口鲜香，略带啤酒香味，风味独特，回味无穷，是下饭佐酒佳肴。

啤酒鸭

主料：鸭子1只，啤酒1瓶。

辅料：植物油30克，盐3克，味精2克，酱油12克，醋8克，红椒、蒜苗各50克。

制作过程：

① 鸭子处理干净，切块备用。

② 红椒洗净，切碎；蒜苗洗净，切成小段。

③ 锅置火上，入油烧热，放入鸭块翻炒至变色。

④ 放入红椒、蒜苗，再倒入啤酒一起炒。

⑤ 注入适量清水焖煮40分钟。

⑥ 煮至熟后，收汁，待汤汁收干时，加入盐、味精、酱油、醋调味，起锅装盘即可。

大厨献招：啤酒除能去腥之外，还能起到脆嫩、提鲜的作用，所以不需要再加料酒。用啤酒炖煮鸭肉，鸭汤会有很浓郁的啤酒味，不过久煮后酒味就会渐消，最少煮30分钟以上。

油亮诱人，色泽金黄，肥而不腻，入口酥软即化。

红烧肉

主料：带皮五花肉500克，干山楂片适量。

辅料：植物油30克，豆豉、大料、桂皮、冰糖各10克，生姜、葱头、干辣椒各50克，盐3克，老抽5克，腐乳汁5毫升，蒜瓣30克，肉汤适量。

制作过程：

① 五花肉焯水后捞出，皮刮干净，滤干，切成方块。

② 将五花肉块与八角、桂皮、姜、冰糖一起放入碗中，上笼蒸至八成熟。

③ 锅置火上，入油烧热，将肉放入锅内，小火炸成焦黄色时捞出，控干油。

④ 锅内烧油，分别放入豆豉、葱头、生姜、八角、桂皮、干辣椒炒香，下入肉块，翻炒。

⑤ 加入肉汤，下精盐、冰糖、老抽、腐乳汁，用小火慢慢煨1个小时。

⑥ 煮至肉酥烂时，下蒜瓣稍煨后收汁，即可出锅。

品菜说典

红烧肉的历史

提起红烧肉，大家自然不能忘记那位将吃红烧肉发扬光大的人——苏东坡。正是由于他的努力，红烧肉才得以流传开来。其实，那个源远流长、享誉大江南北的东坡肉说穿了也就是红烧肉。考究红烧肉的历史，确实难以说清楚它产生于何时、何地，不过，由于东坡先生孜孜不倦的努力，从他那时起，红烧肉就正式走上了历史的舞台。

小窍门

炖五花肉的窍门

炖五花肉时，不要用旺火，火势一急，肉和肥肉便紧缩在一起了。盐要放得迟一些，否则肉不易烂。放盐时，可用筷子在五花肉上戳几个洞，更易入味。炖五花肉的过程中，中途不要加水，否则蛋白质会受冷凝凝，使肉或骨中的成分不易渗出。

太白鸡

菜品特色：色白柔嫩，滋味异常鲜美。
主料：活鸡 1 只，鲜花椒、泡椒各 20 克。
辅料：盐、味精各 5 克，姜片、蒜各 50 克，料酒 10 克，辣椒油 15 克，豆瓣酱 10 克，糍粑辣椒 10 克，淀粉少许。
制作过程：
① 将鸡宰杀，处理干净，用盐腌渍入味。
② 腌好的鸡入锅卤至熟待用。

③ 盆中入辣椒油、糍粑辣椒、泡椒、鲜花椒，加汤及其他调味料与鸡一起入蒸锅中蒸至熟烂。
④ 倒出原汁，勾芡。
⑤ 将味汁浇在鸡身上即可。

小贴士
此菜富含蛋白质、钙、磷、铁、维生素等营养成分，有温中益气、滋补五脏、健脾胃、壮筋骨、丰肌肤的功效。食之既可开胃、增进食欲，又可养身滋补，促进健康，增强机体抵抗力。

糖醋里脊

菜品特色：色泽金黄，肥而不腻，酸甜可口。
主料：里脊肉 500 克。
辅料：植物油 30 克，盐 3 克，红椒 50 克，芝麻少许，糖 1 汤匙，醋 1 茶匙。
制作过程：
① 里脊肉洗干净，切条状备用。
② 将淀粉加适量水搅拌成糊状，加盐，放入里脊肉混合均匀。
③ 锅置火上，入油烧热，放入里脊肉，炸熟后控油装盘。
④ 另起锅置火上，入油烧热，下白芝麻、糖、醋。
⑤ 待糖完全溶化后，均匀地淋在炸好的里脊上即可食用。

肥而不腻，粑而不烂，色、香、味、形俱全。

东坡肘子

主料：猪肘子1个。

辅料：姜片、葱段各50克，酱油、胡椒粉、盐、味精各3克，料酒10克，高汤300毫升，色拉油30克，糖色10克。

制作过程：

① 肘子去毛洗净，入沸水锅中煮至六成熟，取出。

② 在肘子皮上抹糖色。

③ 锅置火上，注入油，下入姜、蒜炒香。

④ 倒入高汤以及盐、味精、胡椒粉、酱油，再放入肘子。

⑤ 将肘子与汤同烧沸，改中火煨至肘子酥烂，拣去葱、姜。

⑥ 起锅，将肘子装入圆盘中，原汁收浓，淋在肘子上即成。

品菜说典

东坡肘子的来历

东坡肘子其实是苏东坡的妻子王弗的炒作。一次，王弗在炖肘子时因一时疏忽，使肘子焦黄粘锅，她连忙再加入各种配料细细烹煮，以掩饰焦味。不料这么一来，肘子的味道却格外好。苏东坡素有美食家之称，此后不仅自己反复烹煮这道菜，还向亲友大力推荐。于是"东坡肘子"也就得以传世。

鱼肉色、香、味、形俱全,麻辣鲜香。

川式清蒸鲜黄鱼

主料:黄鱼400克,肉末10克。

辅料:植物油30克,盐3克,酱油、辣椒油各5克,干红椒、葱各30克,料酒10克。

制作过程:

① 黄鱼处理干净,加盐、料酒腌渍入味。

② 酸菜洗净,切碎;干红椒洗净,切段;葱洗净,切花。

③ 锅置火上,入油烧热,加酸菜稍炒后,盛出。

④ 再热油锅,入黄鱼炸至金黄色。

⑤ 放入干红椒炒香。

⑥ 注入适量清水烧开。

⑦ 调入盐、酱油、辣椒油拌匀,并撒入葱花。

⑧ 将鱼盛出,置于酸菜上即可。

汤汁红亮，麻辣鲜香，味浓味厚。

毛血旺

主料: 鸭血500克，鳝鱼100克，火腿肠片150克，黄豆芽150克，熟肥肠100克，毛肚200克。

辅料: 葱花、蒜片、姜片、干红辣椒各50克，郫县豆瓣酱15克，糖、盐10克，花椒、鸡精、白醋各5克，料酒20克，植物油500克，骨头汤300毫升。

制作过程:

①将鸭血、鳝鱼、黄豆芽、熟肥肠和毛肚洗净，鸭血、熟肥肠切片，鳝鱼切段，毛肚切丝。

②将处理干净的鸭血、鳝鱼、黄豆芽、毛肚焯水，除去血沫和杂质。

③锅置火上，入油烧热，放入干辣椒、郫县豆瓣酱、姜片、蒜片，煸炒至出香味。

④待油呈红色时捞出渣滓。

⑤锅内倒入骨头汤，煮沸制成红汤备用。

⑥焯水的原料连同火腿肠、熟肥肠一起放入制好的红汤内。

⑦加入盐、鸡精、白糖、料酒、醋调味，大火将红汤烧开。

⑧待原料熟透后装入容器中，撒上葱花。

⑨另起锅置火上，入油烧热，放入花椒、辣椒，炝出香味。

⑩最后将油迅速浇在碗中即可。

品菜说典

毛血旺的来历

相传，四川沙坪坝磁器口古镇码头有一位王姓屠夫的媳妇张氏，每天把屠夫卖肉剩下的杂碎煨制成杂碎汤来卖，味道特别好。有一次，张氏在杂碎汤里直接放入鲜生猪血，发现血旺越煮越嫩，味道更鲜。因这道菜是将生血旺现烫现吃，遂取名"毛血旺"。

肉质细嫩，麻辣味厚，滑嫩适口，具有火锅风味。

水煮牛肉

主料: 牛肉400克，芹菜100克，蒜苗100克，豌豆尖50克。

辅料: 姜片、蒜末、葱花各50克，味精3克，胡椒粉、豆瓣、辣椒粉、料酒各15克，酱油10克，花椒粉、盐各5克，高汤300毫升，色拉油30克，水淀粉10克。

制作过程:

①牛肉洗净切片。

②用盐、料酒、酱油、水淀粉码味上浆。

③蒜苗、芹菜分别洗净，切段。

④锅置火上，入油烧热，放入豆瓣、豌豆尖、芹菜、蒜苗、姜片炒香。

⑤锅中倒入高汤烧沸。

⑥煮至芹菜断生后用漏勺捞起，放在大碗中垫底。

⑦锅内倒入牛肉片煮熟，勾芡收汁。

⑧起锅盛在碗中，撒上花椒面、辣椒面、胡椒粉、味精、葱花、蒜末，淋上七成热的油即可。

品菜说典

水煮牛肉的来历

相传北宋时期，在四川盐都自贡一带，有人将当地淘汰的役牛宰杀，取肉切片，放在盐水中加花椒、辣椒煮食，其柔嫩味鲜，因此得以广泛流传，成为民间一道传统名菜。

小窍门

如何切牛肉？

牛肉的纤维组织较粗，结缔组织又较多，应横切，将长纤维切断；不能顺着纤维组织切，否则不仅没法入味，还嚼不烂。

口感滑嫩，油而不腻。

水煮鱼

主料： 草鱼 1 尾（约 900 克），豆芽 150 克。

辅料： 料酒 15 克，盐、味精各 3 克，辣椒油 25 克，干辣椒 50 克，芝麻、辣椒粉、五香粉、胡椒粉各 10 克，淀粉 200 克，辣椒油 20 克，植物油 30 克，草果、砂仁各 15 克。

制作过程：

① 草鱼处理干净，取鱼肉片成薄片，头和骨头剁成块。

② 将草鱼肉加辣椒面、五香粉、胡椒粉、盐、味精、料酒腌渍入味，加淀粉拌匀。

③ 黄豆芽炒熟，放入食器中铺底。

④ 鱼头和鱼骨拍碎，入热油中炸透。

⑤ 将鱼头和鱼骨放在熟豆芽上面。

⑥ 将鱼片入热油中滑熟，倒在鱼头和骨上。

⑦ 辣椒油烧热，放入干辣椒、芝麻、草果、砂仁炸香。

⑧ 把热油倒在鱼片上即可。

小窍门

沸水煮鱼更好

鲜鱼肉质地鲜嫩，沸水下锅能让鱼体表面骤然受到高温，蛋白质变性收缩凝固，从而保持鱼体形态完整。同时，鱼表面蛋白质凝固后，孔隙闭合，鱼肉所含的可溶性营养成分和呈味物质不易大量外溢，可最大限度地保持鱼的营养价值和鲜美滋味。

肉质细嫩，汤酸香鲜美，微辣不腻，鱼片嫩黄滑爽。

酸菜鱼

主料：草鱼1尾（约900克），酸菜200克。
辅料：姜片7克，蒜5克，盐5克，花椒5克，鸡蛋1个，泡辣椒末25克，胡椒粉4克，料酒20克，植物油40克，鲜汤900毫升。
制作过程：
① 草鱼处理干净，用刀取下两扇鱼肉，斜刀片成0.3厘米厚的片。
② 切好的鱼放入盆中，加入盐、料酒腌制入味，再加入鸡蛋清拌匀。
③ 将鱼头劈开，鱼骨砍成块。酸菜洗净，切段。
④ 锅置火上，注入油烧热，投入蒜、姜片、花椒爆香，放入酸菜段煸炒出香味。

⑤ 注入鲜汤烧沸，下入鱼头、鱼骨用大火熬煮，及时撇去浮沫。
⑥ 烹入料酒，放入盐、胡椒粉调好味，待熬出味后将鱼片抖散入锅。
⑦ 另起锅置火上，注入油烧热，投入辣椒末炒香。
⑧ 倒入煮鱼的锅中煮1～2分钟，待鱼片刚熟即起锅，盛入汤盆内即可。

小贴士

因为草鱼腹上的黑色物质含有致癌成分，在鱼处理干净的过程中，一定要把那层黑色物质刮去。在做此道菜的时候，可以根据个人的口味加适量蔬菜，营养更佳。

麻辣鲜香，口味浓郁，肥而不腻。

干锅肥肠

主料：肥肠 400 克，干辣椒适量。
辅料：植物油 30 克，香油、盐、鸡精各 3 克，青椒、红椒各 50 克，辣椒油、葱、大蒜各 30 克，高汤 300 毫升。
制作过程：
① 肥肠处理干净，切圈。
② 将青、红椒去蒂，洗净切片；蒜去皮；葱洗净切段；干辣椒洗净切段。
③ 锅置火上，入油烧热，下肥肠过油备用
④ 另起锅，入油烧热，放入干辣椒、蒜炒香。
⑤ 放入肥肠炒至八成熟。
⑥ 下青、红辣椒，翻炒至熟。
⑦ 调入盐、味精、高汤、香油、辣椒油，加入葱。
⑧ 将所有材料炒匀入味，起锅装盘即可。

小窍门
肥肠里面的肥油不要去掉，肥肠好吃不好吃全靠它；肥肠要煸至出油，才能下鲜汤煨制，否则香味大减。

小贴士
干锅肥肠软烂鲜香，有滋阴补虚、润肠通便的功效。但是肥肠属寒性食物，感冒和脾虚的人群应少吃。

干锅啤酒鸭

菜品特色：甜香酥软，肥而不腻，回味无穷。
主料：鸭 300 克，魔芋 50 克。
辅料：植物油 30 克，干辣椒 30 克，姜 10 克，啤酒 1 瓶，味精、盐各 3 克，生抽 5 克。
制作过程：
① 鸭处理干净，切块，入沸水中汆烫后，捞出沥干水分。
② 魔芋洗净，切块；干辣椒洗净，切段；姜洗净切片。
③ 锅置火上，入油烧热，下姜片、鸭块炒至八成熟，放入魔芋一起炒至入味。
④ 加入盐、啤酒、味精等调料，烹熟，起锅装盘即可。

干锅茶树菇

菜品特色：口味浓郁，鲜香适口，营养丰富。
主料：五花肉 100 克，茶树菇 300 克。
辅料：盐、鸡精各 3 克，红椒 15 克，香油、胡椒粉各 5 克，高汤适量。
制作过程：
① 将五花肉洗净，切小块，制成红烧肉备用。
② 茶树菇泡软，洗净；红椒去蒂，洗净、切片。
③ 锅置火上，入油烧热，下入红椒炒香。
④ 倒入高汤，调入盐、鸡精、胡椒粉烧沸。
⑤ 下入红烧肉、茶树菇。
⑥ 待汁水收干时，滴入香油即可。

鲜美芳香，解馋过瘾。

孜然羊肉薄饼

主料：薄饼 150 克，羊肉 250 克，洋葱 30 克。
辅料：植物油 30 克，盐 3 克，熟白芝麻 5 克，孜然粉 5 克，红椒、青椒各 30 克。
制作过程：
① 羊肉、洋葱、红椒、青椒均洗净，切成丁备用。
② 锅置火上，入油烧热，放入孜然粉爆香。
③ 倒入羊肉、洋葱、红椒、青椒，翻炒均匀。
④ 加盐调味。
⑤ 撒上白芝麻，炒匀。

⑥ 把孜然羊肉盛出，趁热逐个包进薄饼内食用即可。
大厨献招：
选用细嫩的绵羊肉，味更佳。

小贴士
吃完羊肉后不宜马上饮茶
因为羊肉中含有丰富的蛋白质，而茶叶中含有较多的鞣酸，所以吃完羊肉后不宜马上饮茶，否则会产生一种叫鞣酸蛋白质的物质，容易引发便秘。

皮薄馅嫩，爽滑鲜香，汤浓色白，是四川小吃中的佼佼者。

龙抄手

主料： 馄饨皮 200 克，猪腿肉 50 克，鸡蛋 1 个，菠菜 50 克。

辅料： 植物油 30 克，鸡精、盐各 3 克，胡椒粉、姜汁、香油各 5 克，高汤 500 毫升。

制作过程：

① 猪腿肉去筋，用刀背捶成蓉状，再剁细成泥。

② 猪肉泥中加盐、姜汁、鸡蛋液、胡椒粉、鸡精搅拌均匀，掺入清水，搅成糊状，加香油，沿着一个方向用力搅拌均匀，制成馅料备用。

③ 将馅料包入馄饨皮中，沿着对角线对折成三角形。

④ 再把左右两个角向中间叠起，捏在一起成抄手生坯。

⑤ 锅中加高汤烧开，放入菠菜焯熟，捞出装碗。

⑥ 锅中加少许盐、胡椒粉、鸡精、香油烧开，下入抄手生坯煮熟，捞出放入碗中即可。

小贴士

龙抄手的来历

龙抄手是成都名小吃之一，"抄手"即北方的馄饨。龙抄手创始于 20 世纪 40 年代，当时浓花茶社的几位伙计商量合资开一个抄手店，取店名时就取了"浓花茶社"中的"浓"字的谐音（四川方言中"浓"与"龙"同音），也取"龙凤呈祥"之意，定名为"龙抄手"。龙抄手的主要特点是皮薄、馅嫩、汤鲜。

面条细薄，卤汁酥香，麻辣酸味突出，鲜而不腻，辣而不燥。

担担面

主料: 银丝面200克，青菜叶50克，芽菜末20克。
辅料: 植物油30克，盐、味精各3克，酱油、蒜泥、葱花、香油、辣椒油各5克，花椒粉4克，清汤500毫升。

制作过程:

①青菜叶洗净，放入沸水汤中汆烫后盛在碗内。
②将辣椒油、味精、花椒面、盐、酱油、蒜泥、芽菜末、香油调成麻辣味汁。
③锅内加汤烧沸，下面条煮至断生后捞起。
④将面条装入用青菜叶垫底的碗内。
⑤将麻辣味汁淋在面条上。
⑥最后，撒上葱花即可。

品菜说典

担担面的来历

担担面中最有名的要数陈包包的担担面了，它是自贡市一位名叫陈包包的小贩于1841年始制的。因最初是挑着担子沿街叫卖而得名。过去，成都走街串巷的担担面，用一种铜锅隔两格，一格煮面，一格炖蹄膀。现在重庆、成都、自贡等地的担担面，多数已改为店铺经营，但依旧保持原有特色，尤以成都的担担面特色最浓。

鲜香微辣,略带啤酒香味,风味独特,回味无穷,是下饭佐酒佳肴。

啤酒鸭火锅

主料:鲜鸭1只(约750克),魔芋、午餐肉各25克,蹄筋150克,生菜200克,啤酒1听。

辅料:猪油100克,豆瓣酱30克,泡姜片30克,姜50克,泡辣椒、蒜瓣、花椒、胡椒粉各10克,盐5克。

制作过程:

① 将鸭处理干净,放入冷水锅中烧开,开小火煮至八成熟。

② 将鸭子捞出沥干,改刀装盘。

③ 午餐肉和魔芋分别切成片。

④ 生菜洗净,去老叶,取嫩叶。

⑤ 锅置火上,注入油烧热,卜泡姜片、泡辣椒、豆瓣酱、姜(拍破)炒几下,撇去余油。

⑥ 下猪油、蒜瓣、花椒等再炒几下,倒入煮鸭子的汤,煮10分钟。

⑦ 下鸭块、啤酒、白糖、盐、味精、胡椒面,烧开,打去浮沫。

⑧ 将汤及鸭块等舀入火锅中上桌,点燃火,边吃边煮,各种荤素菜随意烫食。

大厨献招:煮鸭的汤不要一次用完,在吃的过程中,用来补充锅内汤汁。此火锅也可用鸡汤、骨头汤制作。喜食辣者,可以加入干辣椒节,其味更烈。

麻辣香锅虾，具有辣而不燥、鲜而不腥、入口窜香、回味悠长的独特口味。

麻辣香锅虾

主料：虾 100 克，藕 300 克，芹菜 20 克。
辅料：豆瓣酱 15 克，盐 15 克，干辣椒 50 克，油、料酒、香菜各适量。

制作过程：

① 虾洗净，剪去胡须，去虾线。
② 藕洗净，切成均匀的薄片。
③ 干辣椒和芹菜洗净，切成段备用。
④ 锅置火上，入油烧热，下虾稍炸。
⑤ 待虾略呈金黄色时捞出，沥油备用。
⑥ 锅底留油，放豆瓣酱、干辣椒炒香，放藕片和芹菜，炒至七成熟。
⑦ 再放入虾，烹入料酒、盐，翻炒至熟。
⑧ 出锅盛入干锅，撒上香菜即可。

品菜说典

麻辣香锅的来历

麻辣香锅虾是麻辣香锅的一种。麻辣香锅源于重庆缙云山土家风味，是当地老百姓的家常做法，以麻、辣、香混一锅为特点。据说当地人平时喜欢把一大锅菜一起用各种调味料炒起来吃，而每当有尊贵的客人时，便会在平常吃的大锅炒菜中加入肉、海鲜、脆肠，多种食材混合起来，就成了"一锅香"。

双味火锅，鲜香滑嫩，美味难以形容。

鸳鸯火锅

主料：金针菇200克，芋头、豆腐、茼蒿各150克，墨鱼200克，鱼丸150克，甜玉米100克，牛心250克，西红柿10克。

辅料：辣豆瓣40克，牛油500克，醪糟100克，辣椒油20克，猪骨汤1000毫升，花椒粒5克，盐8克，蒜末、葱花各30克。

制作过程：

❶ 所有材料处理干净，改刀装盘。

❷ 锅置火上，注入牛油烧至六成热，下豆瓣酱炒酥，加入姜末、辣椒粉、花椒炒香，加入部分牛肉汤即成红汤。

❸ 将汤倒入鸳鸯锅中，一边放上猪骨汤，另一边放红汤。

❹ 将装盘的材料围在鸳鸯火锅四周，点燃火，烧开汤汁，打去浮沫，即可烫食。

鱼头火锅

菜品特色：鱼肉细嫩，香辣浓郁，风味独特。

主料：鱼头1个（约800克），豆腐300克，茼蒿200克，水发海带150克。

辅料：植物油30克，盐5克，姜、辣椒油、辣椒粉、辣椒、蒜泥各10克，高汤1000毫升。

制作过程：

❶ 鱼头砍成两半，洗净，装盘；水发海带、豆腐洗净，改刀装盘；茼蒿洗净，装盘。

❷ 锅置火上，下辣椒油加入其余调味料，熬好备用。

❸ 另起锅置火上，入油烧热，下鱼头煎至两面金黄色，取出，盛入火锅内。

❹ 将熬好的辣椒油味汁淋在火锅内，上桌烧沸，根据个人口味选择涮料烫食即可。

第三章

家常川菜

色泽红亮，质地干香酥脆，麻辣味厚，为下饭、佐酒之佳品。

麻辣腱子肉

主料：牛腱子肉 400 克，黄瓜 200 克。
辅料：植物油 30 克，盐 3 克，鸡精 2 克，蒜末、红椒各 30 克，料酒、辣椒油各 10 克。
制作过程：

① 牛腱子肉洗净，入沸水锅中加盐和料酒煮熟，捞出沥干。

② 牛腱子肉切片，摆盘。

③ 黄瓜洗净，切长条，焯水，摆盘。

④ 红椒洗净，切圈。

⑤ 锅置火上，入油烧热，放入红椒、蒜末炒香。

⑥ 调入盐、鸡精和辣椒油，起锅浇在盘中的牛腱子肉上即可。

小贴士

牛肉的氨基酸组成比猪肉更接近人体需要，能提高机体抗病能力。中医认为牛肉性温和、味甘，无毒，有补益中气、滋养脾胃、强筋健骨、化痰熄风、止渴止涎之功效，适宜中气下陷、气短体虚、筋骨酸软、贫血久病以及面黄目眩之人食用。

滑润细嫩，清新醇厚，葱香四溢。

葱油鸡

主料：熟鸡肉 250 克，洋葱 75 克，葱段 40 克，葱末 15 克。

辅料：色拉油 30 克，盐 3 克，老抽、香油各 5 克，鸡汤适量。

制作过程：

1 洋葱去皮，洗净，切成片，放入一圆盘内垫底。

2 熟鸡肉斩成块，放入圆盘内的洋葱上。

3 锅置火上，入油烧至三成热，下葱段炒香。

4 加入鸡汤，调入盐和老抽，熬出味后淋入香油，即成味汁。

5 拣去葱段后，将味汁淋在鸡块上，撒上青花椒和葱末。

6 锅置火上，入油烧热，将滚烫的色拉油淋入盘中，烫出香味即可。

大厨献招：鸡肉应该选用土仔公鸡或三黄鸡，肉质更加细嫩；味汁要能将鸡块略微浸泡，鸡块才能入味。

软烂适度，清鲜可口，五香味厚。

五香酱牛肉

主料：牛肉 500 克。

辅料：植物油 30 克，盐 3 克，五香酱 20 克，葱、姜、蒜各 30 克，料酒 10 克，醋、酱油各 5 克。

制作过程：

❶ 牛肉洗净备用；姜、蒜均去皮洗净，切片；香葱洗净，切花。

❷ 锅置火上，注水烧开，放牛肉，加盐、姜、蒜、料酒、醋，搅拌一下。

❸ 大火将牛肉煮熟透后，捞出沥干水分，将牛肉切成片。

❹ 把切好的牛肉片均匀摆入盘中。

❺ 把牛肉片刷上五香酱。

❻ 用醋、酱油、葱花调成味碟，取牛肉蘸食即可。

小窍门

区别老牛肉和嫩牛肉

老牛肉肉色深红、肉质较粗；嫩牛肉肉色浅红，肉质坚而细，富有弹性。

口味香辣刺激，全无肥腻之感。

香辣蹄花

主料：猪蹄 500 克，青椒、红椒各 15 克。
辅料：植物油 30 克，葱、蒜各 30 克，盐、醋、香油各 5 克。
制作过程：
① 猪蹄洗净备用。
② 青椒、红椒洗净剁碎；葱洗净切花；蒜洗净切末。
③ 锅中加水，用旺火沸水将猪蹄卤熟后取出。

④ 将其切成小段摆盘，刷上一层香油。
⑤ 锅置火上，入油烧热，放入盐、蒜、青椒、红椒爆香后装入调味碟。
⑥ 调味碟内倒入醋，加点葱花制成调味碟蘸食即可。
大厨献招：猪蹄最好选较小的前蹄，超市均有售；切花的姜和蒜末要加一点凉开水调匀后备用。

色泽红亮，韧脆细嫩，咸香鲜辣。

花生耳片

主料：猪耳朵 250 克，花生 50 克。
辅料：酱油、香油、花椒粉、辣椒油、盐各 3 克，
姜末、蒜末各 50 克。
制作过程：

① 猪耳朵处理干净。
② 花生仁捣碎，备用。
③ 猪耳朵入沸水中焯熟后，捞出沥干水分，凉凉。
④ 猪耳朵切片摆盘。

⑤ 将姜末、蒜末、花生、辣椒油、花椒粉、盐、酱油、香油入碗拌匀成佐料汁。
⑥ 将拌匀的佐料淋在盘中的耳片上即可。

小窍门

巧存花生

家庭储存花生米时，可以先将其晒干，再用塑料袋密封起来，并放入一小包花椒，然后将塑料袋置于干燥、低温、避光的地方，这样可使花生米保存两年以上。

色泽深红，皮肉酥香，酱香浓郁，滋味悠长。

酱板鸭

主料：鸭1只（约900克）。

辅料：盐3克，料酒10克，姜片、葱段、干辣椒、花椒、大料、桂皮、小茴香、陈皮、香叶、红曲米、白糖、酱油、香油各5克。

制作过程：

① 鸭处理干净，加盐、料酒、姜片、葱段、干辣椒、花椒腌渍入味。

② 腌好的鸭子入火炉或电烤箱烤至表皮酥黄。

③ 大料、桂皮、小茴香、陈皮、香叶做成香料包；红曲米用纱布包好。

④ 锅中注水烧开，放盐、白糖、酱油、香料包、红曲米包，入鸭子卤熟，取出凉凉。

⑤ 鸭身刷上香油。

⑥ 将鸭子切块，装盘即可。

大厨献招：因为鸭子是经过烤制的，后面卤的时间不要过长，熟透即可。另外鸭子经过腌制，味道已经完全浸透，在卤汁里浸泡的时间也不宜过长，避免香料味过重。

选料精，刀工好，佐料香，热片冷吃，是成都"竹林小餐"名菜之一。

蒜泥白肉

主料：连皮猪腿肉 400 克。

辅料：盐 3 克，味精 2 克，红油、酱油、白糖、香油各 5 克，大蒜 30 克，冷汤适量。

制作过程：

1. 连皮猪后腿肉处理干净，入冷水锅中煮熟后捞起。
2. 将煮熟的猪腿肉趁热片成薄片，摆放于圆盘中。
3. 将大蒜捣成蒜蓉。
4. 蒜蓉内加香油、盐、冷汤，调制成糊。
5. 在蒜蓉内加入红油、酱油、白糖、味精搅匀，兑成味汁。
6. 将兑好的味汁淋在盘中即可。

品菜说典

蒜泥白肉的来历

据说，此菜来自生活在东北的满族，最早的蒜泥白肉就是将猪肉用白水煮熟，不加一点盐和酱，煮好后片开食用。宋代时，满族人的"白肉"传到京城开封。有一位曾经在江浙一带宦游的四川罗江人刘化楠，将"白肉"的烹饪方法记了下来。到了晚清，"白肉""椿芽白肉"之类的菜肴已经开始出现在成都餐馆，但是将白肉加蒜泥调和红油等调料调味，则是清代以后的事情了。

辣卤鸭翅

菜品特色：肉质鲜嫩浓香，滋味悠长。

主料：鸭翅400克。

辅料：盐4克，生姜15克，花椒2克，鸡精3克，料酒10克，冰糖、大料、桂皮、丁香、花椒、砂仁各5克。

制作过程：

① 鸭翅处理干净，加盐、花椒、料酒腌渍。

② 腌好的鸭翅入沸水中焯至八成熟捞起，沥干水分。

③ 拍破生姜待用，将大料、桂皮、丁香、花椒、砂仁等五香料用纱布包好，做成香料包。

④ 锅置火上，注水适量，再加香料包等各种调料，烧开撇去浮末。

⑤ 下入鸭翅卤熟，捞出装盘即可。

酱鸭翅

菜品特色：鲜香细嫩，肥而不腻，口味独特。

主料：鸭翅300克。

辅料：植物油30克，盐3克，酱油15克，糖3克，料酒10克，大料、桂皮、丁香、花椒、砂仁各5克。

制作过程：

① 将鸭翅处理干净。

② 大料、桂皮、丁香、花椒、砂仁等五香料用纱布包好，做成香料包。

③ 锅置火上，入油烧热，放酱油、糖熬浓，烹入料酒，放入鸭翅上色。

④ 另起锅置火上，注水适量，加香料包、盐烧开。

⑤ 放入鸭翅卤熟，捞出装盘即可。

熏酱板鸭

菜品特色：肥而不腻，嫩而不糜，回味无穷。

主料：鸭肉500克，樟树叶、花茶各适量。

辅料：植物油30克，盐、白糖各3克，料酒10克，辣椒粉、酱油、大料、桂皮、花椒、砂仁各5克。

制作过程：

① 鸭肉处理干净，加盐、料酒腌渍。

② 大料、桂皮、花椒、砂仁等五香料用纱布包好，做成香料包。

③ 将鸭放入熏锅中，点燃樟树叶、花茶，待鸭熏至金黄色时取出。

④ 锅置火上，入油烧热，注入清水，加盐、白糖、辣椒粉、料酒、酱油、香料包；放入鸭卤熟切块即可。

香拌鸭胗

菜品特色：麻辣鲜香，柔嫩爽口。
主料：鸭胗300克
辅料：植物油30克，盐3克，酱油、料酒各15克，味精3克，姜5克。
制作过程：
①鸭胗洗净，切块，用料酒、酱油、盐腌渍备用。

②姜去皮后洗净，切片。
③锅置火上，入油烧热，放入鸭胗、姜块迅速翻炒至熟，调入酱油、味精、盐炒匀即可。
大厨献招：腌渍鸭胗的时候放过盐，炒的时候可少放或不放盐。

川香鸭下巴

菜品特色：麻辣鲜香，肥而不腻，滋味悠长。
主料：鸭下巴3个。
辅料：盐2克，葱、熟白芝麻各10克，酱油、辣椒油、香油各5克。
制作过程：
①鸭下巴处理干净，入沸水中汆烫后捞出沥干水分，装盘，与盐、酱油、辣椒油拌匀备用。
②烤箱预热，将备好的鸭下巴入烤箱烤熟后，取出，淋上香油。
③撒上葱花、熟白芝麻即可。
大厨献招：鸭下巴的绒毛一定要处理干净，否则很难入味。

芝麻豆皮

菜品特色：口味清新，诱人胃口。

主料：豆皮400克，熟芝麻10克。

辅料：盐3克，味精1克，醋6克，老抽10克，辣椒油15克，葱50克。

制作过程：

1 豆皮洗净，切正方形片；葱洗净切花；豆腐皮入水焯熟。

2 葱花以外调味料调成汁，浇在每片豆腐皮上。

3 再将豆腐皮叠起，撒上葱花、芝麻，斜切开装盘即可。

小贴士

优质豆腐皮呈白色或淡黄色，有光泽，富有韧性，软硬适度，薄厚均匀，不黏手，无杂质，有淡淡的豆腐香。

萝卜苗拌豆腐丝

菜品特色：清香沁脾，爽口鲜香。

主料：萝卜苗150克，豆腐丝150克。

辅料：植物油30克，盐3克，香油2克，味精2克，干辣椒50克。

制作过程：

1 豆腐丝洗净，入沸水烫熟，捞出沥干水分。

2 萝卜苗洗净，入沸水烫熟，捞出沥干水分。

3 锅置火上，入油烧热，下干辣椒爆香，然后捞出备用。

4 将豆腐丝和萝卜苗放入盘内，加盐、味精、干辣椒、香油拌匀即可。

大厨献招：可放少量豆豉调味。

川味黄瓜

菜品特色：清新爽脆，诱人胃口。

主料：黄瓜300克，辣椒碎、干红椒各50克。

辅料：植物油30克，大蒜、姜、香油、辣椒油各25克，盐3克，味精2克。

制作过程：

1 辣椒、干红椒洗净，切成丁；大蒜、姜洗净，剁碎。

2 黄瓜洗净，切小片，摆盘，撒上辣椒碎。

3 锅置火上，入油烧至六成热，下入干红椒、大蒜、姜炒香。

4 放入盐、香油、辣椒油、味精调匀，装入盘中即可。

大厨献招：黄瓜切片时不宜切太薄，否则口感不佳。

荤菜素做，颜色金黄，外酥内嫩，咸鲜酸甜，鲜香可口。

合川肉片

主料： 猪肉250克，水发木耳75克，玉兰片30克。

辅料： 猪油30克，盐5克，味精3克，葱、姜、蒜末各50克，绍酒10克，辣豆瓣酱5克，清汤200克，水淀粉15克，老醋3克，蛋糊、白糖、酱油各5克。

制作过程：

① 猪肉切厚片，调入盐、绍酒、蛋糊抓匀。

② 木耳撕成小朵，玉兰片洗净。

③ 将老醋、清汤、白糖、酱油、水生粉、味精一同入碗调匀备用。

④ 锅置火上，入油烧热，下肉片煎至两面呈金黄色时盛出备用。

⑤ 锅重新上火，下豆瓣酱、葱姜蒜末炒香。

⑥ 下木耳、玉兰片、猪肉，烹入调好的汁，迅速炒匀后盛出装盘即可。

品菜说典

合川肉片的来历

以地名为菜名的"合川肉片"系重庆合川地方菜肴，至今已有一百多年历史。据说，此菜是当地一家饭店的厨师无意中创制的。相传有一日，饭店打烊后，厨师将卖剩的肉片用鸡蛋、淀粉包裹后，用少量油煎至两面金黄，再加多种辅料和调料烹炒出来，供自己下饭吃。厨师没想到一尝此菜，竟然非常鲜美可口，从此他就如法炮制。"合川肉片"里橘红色，甜酸带辣，外脆里嫩，很有四川风味，渐渐地成为合川以至川渝菜系中的风味菜肴，并在全国广泛流传，颇有影响。

腊肉香醇，肥而不腻；萝卜干鲜辣香脆，口味极美。

萝卜干腊肉

主料：腊肉 150 克，萝卜干 80 克。
辅料：植物油 30 克，盐、味精各 3 克，酱油 5 克，红椒、蒜苗各 50 克。
制作过程：

1. 先将萝卜干用水泡半个小时，然后洗净、切好。
2. 腊肉用温水浸泡后洗净，切片。
3. 红椒、蒜苗均洗净，切段。
4. 锅置火上，放少许油烧热，将切好的萝卜干放入锅里炒干水分后盛出。
5. 油锅烧热，入腊肉煸炒至出油，加入萝卜干、红椒、蒜苗同炒片刻。
6. 调入盐、味精、酱油炒匀即可。

大厨献招：萝卜干不要选用盐腌过的，最好选用直接晒干水分的那种。

小窍门

如何将腊肉炒得松软

炒腊肉虽然闻起来香，可是常常嚼起来很硬，口感不好，尤其是瘦腊肉。如何将瘦腊肉炒得松软好吃？将瘦腊肉先放在蒸锅中蒸软，然后将腊肉切成薄片，放入烧热的花生油中翻炒，再放入大蒜、生姜、酱油、味精拌匀，翻炒 3 分钟，最后将腊肉的余油加入其中即可出锅。这样做的腊肉最后闻起来香味扑鼻，吃起来松软滑嫩。

颜色深红，干香酥嫩，味道鲜美，是下酒佐餐的佳肴。

生爆盐煎肉

主料：猪后腿肉250克，蒜苗100克。

辅料：植物油30克，郫县豆瓣酱15克，盐3克，味精1克，料酒10克，豆豉、老姜、白糖各5克。

制作过程：

①猪肉切成片。

②豆瓣剁细。

③蒜苗洗净，切成马耳朵形；老姜洗净，切成指甲片状。

④锅置火上，下油烧热，放入生肉片、姜片。

⑤煸炒至吐油时烹入料酒。

⑥锅中下豆豉、白糖、盐、豆瓣炒至肉片上色。

⑦再放入蒜苗炒至断生。

⑧调入味精，拌匀，起锅装盘即可。

大厨献招：猪肉要选肥瘦相间的，最好是"肥三瘦七"，还必须要放弃肉皮，因为直接煸炒的肉皮会发硬，影响口感。此菜是大火爆炒，所以需要将肉切得很薄，煎炒生肉片时一定要炒至吐油后再放调料。

形似蚕丝，色似朱砂，油亮光泽，芳香扑鼻。

干煸牛肉丝

主料：牛肉 250 克，芹菜 100 克。
辅料：植物油 30 克，郫县豆瓣酱 15 克，绍酒 10
克，盐 3 克，味精 1 克，白糖、姜、花椒面各 5 克，
干红辣椒 50 克。
制作过程：
① 牛肉洗净，切成细丝。
② 干红辣椒斜切成段。
③ 芹菜择洗干净，去叶，切成长段，姜切丝。
④ 锅置火上，入油烧热，下干辣椒煸香。

⑤ 下牛肉丝炒散，放入盐、绍酒、姜丝继续煸炒。
⑥ 待牛肉水分将干、呈深红色时下豆瓣酱炒散。
⑦ 待香味逸出、肉丝酥软时，加芹菜、白糖、味精炒熟。
⑧ 起锅倒在盘中，撒上花椒面即可。
大厨献招：牛肉丝一定要横切，而且一定要煸至水分收干，不可水分太重，否则牛肉丝会软绵而不酥香；芹菜下锅炒至断生要迅速起锅，否则变色不脆。

色泽金黄，鲜香清新。

松仁玉米

主料：松仁 100 克，玉米粒 200 克，胡萝卜、黄瓜各 50 克。

辅料：植物油 30 克，盐 3 克，味精 1 克，姜、蒜各 30 克。

制作过程：

① 松仁去壳洗净，备用；玉米粒洗净备用。

② 胡萝卜、黄瓜洗净，切丁。

③ 姜、蒜均去皮洗净，切末。

④ 锅置火上，入油烧热，下姜、蒜炒香。

⑤ 放玉米粒、松仁、胡萝卜、黄瓜一起滑炒至熟。

⑥ 加盐、味精炒匀，起锅装盘即可。

大厨献招：松仁可用油先炒一下，口感会更好。最好用大火将锅烧热后再放入松仁，然后调小火干焙，不断翻炒，使松仁受热均匀。当焙至松仁为金黄色时，盛出摊在大盘中凉凉。

小窍门

巧去玉米外皮

在靠近柄的皮处把菜刀插入外皮缝隙处，外皮将很容易去掉。

香菜肉丝

菜品特色：形色美观，滋味浓郁。

主料：瘦肉250克，香菜100克，红椒50克。

辅料：植物油30克，盐3克，酱油5克，辣椒末5克，味精3克，料酒10克，姜、葱、蒜各30克。

制作过程：

① 瘦肉洗净，切成丝，加少许盐、料酒腌渍入味。

② 香菜洗净，切段；红椒洗净，切丝。

③ 锅置火上，入油烧热，放入肉丝，炒至变色，加姜、葱、蒜略炒。

④ 再加入红椒、香菜一起快速拌炒。

⑤ 至快熟时加入其余各调味料调味，起锅装盘即可。

萝卜干炒肉末

菜品特色：咸辣鲜美，非常下饭。

主料：猪肉、萝卜干各150克。

辅料：植物油30克，盐3克，麻油5克，干红椒、香菜各30克。

制作过程：

① 萝卜干泡发，洗净，切段；猪肉洗净，切末；干红椒、香菜均洗净，切末。

② 锅置火上，入油烧热，入干红椒炒香，加入肉末、萝卜干翻炒。

③ 调入盐、麻油炒匀，撒上香菜，出锅装盘即可。

大厨献招：用大火爆炒，口感更好。

酥脆爽口，清新鲜香，肥而不腻。

锅巴肉片

主料: 瘦猪肉200克，锅巴300克，黑木耳、西红柿、竹笋各30克，青椒20克。

辅料: 植物油30克，盐3克，酱油15克，葱5克。

制作过程:

1. 瘦猪肉洗净，切片。
2. 黑木耳泡发洗净。
3. 西红柿、竹笋、青椒洗净，切片；葱洗净，切段。
4. 锅置火上，入油烧热。
5. 下入锅巴油炸。
6. 待锅巴炸至香脆后，捞出排于盘中。
7. 净锅置火上，入油烧热，放入肉片翻炒；再放入竹笋、黑木耳、西红柿、青椒、葱段一起拌炒。
8. 炒至熟后，加盐、酱油调味，起锅浇在锅巴上即可。

小窍门

巧用茶水保存鲜猪肉

用普通的茶叶泡成浓度为5%的茶叶水，再将猪肉浸入其中。这样经过茶叶水浸泡的猪肉，不仅不容易腐败变质，而且更有利于人体健康。

小炒茄丁

菜品特色：味美醇厚，营养丰富。
主料：茄子300克，猪肉50克。
辅料：植物油30克，盐3克，酱油、香油各5克，青椒、红椒各30克。
制作过程：
① 茄子洗净，切丁；青、红椒均洗净，切小段；猪肉洗净，切末。
② 锅置火上，入油烧热，入茄子丁炒至软，加入肉末、青椒、红椒同炒至熟。
③ 调入盐、酱油炒匀，淋入香油，起锅装盘即可。
大厨献招：选择嫩一点的、小一点的茄子，做出来会更美味。

川味辣香丁

菜品特色：麻辣鲜香，油亮光泽，芳香扑鼻。
主料：腰果200克，青椒、红椒各20克。
辅料：植物油30克，干辣椒20克，盐3克，姜、蒜各5克，鸡精2克，淀粉10克。
制作过程：
① 腰果洗净备用；干辣椒洗净，切成段；青椒、红椒均去蒂洗净，切成片；姜、蒜均去皮洗净，切成末。
② 锅置火上，入油烧热，下姜、蒜、干辣椒爆香，放入腰果、青椒、红椒一起翻炒。
③ 调入盐、鸡精炒匀，起锅前用淀粉勾芡装盘即可。

辣味荷兰豆

菜品特色：形色美观，麻辣爽口。
主料：荷兰豆300克，五花肉50克，胡萝卜20克。
辅料：植物油30克，盐3克，蒜5克，麻辣油5克。
制作过程：
① 荷兰豆去头尾，洗净，切段；五花肉洗净，切片；胡萝卜洗净，切片；蒜去皮，洗净，切末。
② 锅置火上，注水烧沸，放入荷兰豆炒熟，捞出沥干水分备用。
③ 锅置火上，入油烧热，下蒜爆香，放入五花肉煸炒片刻。
④ 放入荷兰豆、胡萝卜一起炒，调入盐、麻辣油，炒至熟透，起锅装盘即可。

清炒娃娃菜

菜品特色：操作简单，麻辣鲜香，口味独特。
主料：娃娃菜 300 克。
辅料：植物油 30 克，盐 3 克，味精 1 克，料酒 10 克，香油 5 克，大蒜、红椒各 50 克。
制作过程：
① 娃娃菜洗净；大蒜去皮洗净，切片；红椒洗净，切碎。
② 锅置火上，入油烧热，将大蒜、红椒炒香，再放入娃娃菜炒片刻。
③ 调入盐、味精、料酒炒匀，淋入香油即可。
大厨献招：娃娃菜不宜久炒，否则营养会流失。

涪陵榨菜炒肉丝

菜品特色：口味鲜香，滋味浓郁，诱人胃口。
主料：猪瘦肉 150 克，涪陵榨菜 100 克。
辅料：植物油 30 克，盐 3 克，味精 3 克，蒜末 4 克，姜末 3 克，酱油 7 克，料酒 10 克。
制作过程：
① 猪瘦肉洗净，切丝，用盐、料酒腌渍一下。
② 榨菜用清水浸泡数分钟后捞出，沥干。
③ 炒锅加油烧热，入肉丝，快炒至散。
④ 加蒜末、姜末一起炒香，再加酱油着色，继续炒均匀。
⑤ 将榨菜加入，与肉丝混合均匀。
⑥ 烹入料酒、味精调味，最后起锅盛盘即可。

泡菜魔芋炒肉丝

菜品特色：麻辣爽口，鲜香味浓，略带酸甜。
主料：泡菜 100 克，魔芋丝 100 克，瘦肉 200 克。
辅料：植物油 30 克，盐 2 克，酱油 10 克，辣椒油 10 克，蒜苗、红椒各 50 克。
制作过程：
① 瘦肉洗净，切丝；泡菜洗净；魔芋丝洗净；红椒洗净，切丝；蒜苗洗净，切段。
② 锅置火上，入油烧热，放入肉丝翻炒至变色。
③ 加入泡菜、魔芋丝、蒜苗、红椒一起炒匀。
④ 炒至熟后，加盐、酱油、辣椒油调味，起锅装盘即可。
大厨献招：泡菜中含有盐分，盐可不放或者少放。

大头菜炒肉丁

菜品特色：肉质酥软，麻辣鲜香，诱人胃口。
主料：大头菜 200 克，猪肉 150 克。
辅料：植物油 30 克，香油、盐各 3 克，味精 1 克，料酒 10 克，大蒜、红椒各 50 克。
制作过程：
① 大头菜洗净；大蒜去皮洗净，切片；红椒洗净，切碎。
② 锅置火上，入油烧热，下大蒜、红椒炒香。
③ 再放入大头菜炒片刻。
④ 调入盐、味精、料酒炒匀，淋入香油，起锅装盘即可。
专家点评：增强免疫力

钵子四季豆

菜品特色：口味鲜香，口感麻辣，非常下饭。
主料：四季豆 500 克，猪肉 50 克。
辅料：植物油 30 克，盐 3 克，料酒 10 克，红椒、干辣椒各 30 克。
制作过程：
① 四季豆洗净，切段；猪肉洗净，切成丁；红椒洗净，切片；干辣椒洗净，切段。
② 锅置火上，入油烧热，放猪肉丁炒熟，下四季豆煸炒至断生。

③ 加入干辣椒、红椒、盐、料酒翻炒至熟，出锅装盘即可。
大厨献招：猪肉丁炒的时间不要太长了。

小窍门
四季豆的保存
四季豆直接放在塑胶袋中冷藏就能保存 5～7 天，但是放久了会逐渐出现咖啡色斑点。如果想保存得更久一点，最好是将四季豆洗净，用盐水焯烫后沥干水分，再放入冰箱中冷冻。

尖椒肉碎炒鸡蛋

菜品特色：清新味美，回味悠长。
主料：尖椒 300 克，猪肉、鸡蛋各 200 克。
辅料：植物油 30 克，淀粉 6 克，酱油、盐、料酒各 3 克。
制作过程：
① 尖椒去籽洗净，切块。
② 鸡蛋破壳，加盐搅打均匀。
③ 猪肉洗净，剁碎，用盐、淀粉、酱油、料酒拌匀。
④ 锅倒油烧热，倒入鸡蛋炒熟装盘。
⑤ 另起锅倒油烧热，倒入青椒、肉末翻炒，鸡蛋回锅略微翻炒。
⑥ 加盐炒至入味。

醴陵小炒肉

菜品特色：色泽油润，肉质红亮，佐酒佳肴。

主料：猪里脊肉300克，五花肉100克。

辅料：植物油30克，豆瓣酱15克，盐、味精各2克，水淀粉5克，红椒50克，酱油5克，芹菜15克。

制作过程：

① 猪里脊肉、五花肉洗净切片，猪里脊肉用酱油腌渍10分钟。

② 芹菜洗净，切段；红椒洗净，切片。

③ 热锅上油，放入五花肉炒至出油。

④ 放入猪里脊肉、芹菜、红椒，加豆瓣酱大火翻炒至熟。

⑤ 再调入味精、酱油、盐，出锅盛盘即可。

小窍门

如何清洗猪肉

生猪肉一旦粘上了脏东西，用水冲洗总是油腻腻的，反而会越洗越脏。如果用温淘米水洗两遍，再用清水冲洗一下，脏东西就容易除去了；另外，也可拿来一团和好的面粉，在脏肉上来回滚动，很快就能将脏东西粘走。

卜豆角回锅肉

菜品特色：麻辣鲜俱全，味道独特。

主料：卜豆角100克，腊肉150克。

辅料：植物油30克，盐3克，红椒50克。

制作过程：

① 将卜豆角泡发，洗净；红椒洗净，切圈。

② 腊肉洗净，入锅中煮至回软后捞出切成薄片。

③ 锅置火上，入油烧热，下腊肉炒至出油后，再加入卜豆角一起翻炒。

④ 最后撒上红椒，调入盐，翻炒至熟，起锅装盘即可。

大厨献招：卜豆角经泡发，可能仍会有点硬，喜欢吃软的，可以稍炒久一点。

香干焖回锅肉

菜品特色：肉质鲜嫩，肥而不腻，干香突出。
主料：豆腐干 300 克，五花肉 300 克。
辅料：植物油 30 克，葱白 30 克，红椒 30 克，盐 3 克，酱油 8 克，糖 5 克，味精 3 克。
制作过程：
❶豆腐干洗净，切片；葱白洗净，切斜段；红椒洗净，切斜片。
❷五花肉洗净后，下入锅中煮至五成熟，捞出，切成片。
❸锅置火上，入油烧至五成热，放入五花肉片，煸炒至出油。

❹加入豆腐干、红椒大火翻炒，加入调味料，焖煮收汁即可。

小窍门

怎样选择豆腐干

豆腐干是豆制品的再加工成品，不仅营养丰富，而且口感硬中带韧，爽口入味。豆腐干分为白豆腐干、五香豆腐干、蒲包豆腐干、兰花豆腐干等。好的白豆腐干表面光洁呈淡黄色，有豆香味，方形整齐，密实有弹性；五香豆腐干表皮光洁带褐色，有五香味，方形整齐，坚韧有弹性；蒲包豆腐干为扁圆形浅棕色，颜色均有光亮，有少许五香味，坚韧而密实；兰花豆腐干表面与切面均呈金黄色，刀口的棱角看不到白坯，有清香味。

香辣肉丝

菜品特色：肉质酥嫩，麻辣味浓。
主料：猪肉 300 克，香菜 200 克。
辅料：植物油 30 克，青椒、红椒各 50 克，干辣椒 30 克，盐 3 克，料酒、生抽各 10 克。
制作过程：
❶猪肉洗净，切丝，用料酒、生抽腌渍入味。
❷香菜洗净，切段；青、红椒洗净，切条；干辣椒洗净。
❸锅置火上，入油烧热，倒入肉丝滑炒至肉变白。
❹下干辣椒、青椒条、红椒条大火翻炒 3 分钟后，加入香菜段翻炒 1 分钟。
❺加入盐调味，起锅装盘即可。

酸菜小竹笋

菜品特色：爽口开胃，酸辣适中。
主料：酸菜 200 克，罗汉笋 250 克，肉末 50 克，干椒节 10 克。
辅料：植物油 30 克，盐 8 克，味精 4 克，糖、老抽各 6 克，姜末、蒜末各 50 克。
制作过程：
1 酸菜洗净切碎，挤去水分备用。
2 罗汉笋洗净切丁，焯水备用。
3 锅留底油，下入肉末、姜末和蒜末炒香。
4 再下入酸菜、罗汉笋，加入其他调味料，炒熟入味，起锅装盘即可。
专家点评：开胃健脾

小窍门
如何选竹笋
选购竹笋一要看根部，竹笋根部的"痣"要红，"痣"红的笋鲜嫩；二要看节，竹笋节与节之间距离越近，笋越嫩；三要看壳，竹笋的外壳色泽鲜黄或淡黄略带粉红，笋壳完整且饱满光洁的质量较好；四要手感饱满，肉色洁白如玉。其中春笋以质地鲜嫩、黄色或白色为佳；毛笋以整齐色白，细嫩为佳；行鞭笋以质嫩、色嫩的为佳；冬笋以黄中略显白的为好。

酸菜竹笋肉末

菜品特色：肉质鲜嫩，咸鲜香辣。
主料：酸菜、猪肉各 200 克，竹笋 300 克，青椒、红椒各 50 克。
辅料：植物油 30 克，盐 3 克，姜、蒜各 50 克，酱油 5 克。
制作过程：
1 酸菜洗净，切末；竹笋洗净，切粒；猪肉洗净，切末；青椒、红椒均洗净，切圈；姜、蒜均去皮洗净，切末。
2 锅置火上，入油烧热，下姜、蒜炒香。
3 放入猪肉滑炒片刻，再放入酸菜、竹笋、青椒、红椒翻炒。
4 调入盐、酱油，炒熟起锅装盘即可。

小窍门
竹笋的烹饪
竹笋一年四季皆有，但唯有春笋、冬笋味道最佳。食用前应先用开水焯过，以去除笋中的草酸。靠近笋尖部的地方宜顺切，下部宜横切，这样烹制时不但易熟烂，而且更易入味。鲜笋存放时不要剥壳，否则会失去清香味。

小贴士
竹笋有促进肠道蠕动、帮助消化、消除积食、防止便秘的功效。

豆豉肉末炒尖椒

菜品特色：麻辣鲜香，味道鲜美。
主料：猪肉500克，红椒、青椒各50克。
辅料：植物油30克，豆豉30克，盐3克，鸡精1克，葱、姜、蒜各60克。
制作过程：
① 猪肉洗净切成末；青椒、红椒洗净斜切成圈；葱、姜、蒜洗净切碎。
② 锅置火上，入油烧热，下入葱、姜、蒜、豆豉爆香。
③ 倒入肉末、青椒、红椒翻炒均匀。
④ 调入盐、鸡精入味，炒匀，撒上葱花，起锅装盘即可。
大厨献招：炒肉末时要用大火翻炒。

小炒花菜

菜品特色：营养丰富，香气浓郁。
主料：五花肉200克，花菜300克。
辅料：植物油30克，盐、鸡精各2克，老抽5克，辣椒、蒜苗各50克。
制作过程：
① 五花肉洗净，切片；蒜苗、干辣椒洗净，切段。
② 花菜洗净，切小块，焯水。
③ 锅置火上，入油烧热，下干辣椒、蒜苗炒香。
④ 入五花肉炒至变色，再放入花菜一起翻炒。
⑤ 炒至熟后，加入盐、鸡精、老抽调味，起锅装盘即可。
大厨献招：五花肉要去皮，带皮的话短时间内炒出来皮比较硬，口感不好。

香辣猪脆骨

菜品特色：鲜香脆爽，滋味浓郁。
主料：猪脆骨 400 克。
辅料：植物油 30 克，盐 3 克，鸡精 5 克，酱油 15 克，辣椒油 10 克，料酒 10 克。
制作过程：
① 猪脆骨洗净，切块。

② 锅置火上，入油烧热，放入猪脆骨翻炒至变色。
③ 倒入酱油、辣椒油、料酒炒匀。
④ 炒至熟后，加入盐、鸡精拌匀调味，起锅装盘即可。

小窍门
猪脆骨比较硬，最好在炸前焯烫一下，还可以去除血水。

香辣酥炒排骨

菜品特色：芳香扑鼻，外酥里嫩，回味悠长。
主料：排骨 350 克，熟白芝麻 30 克。
辅料：植物油 30 克，葱、淀粉各 10 克，干辣椒 30 克，盐 3 克，料酒 6 克。
制作过程：
① 排骨洗净，斩成小段，入开水汆烫后捞出沥干水分。
② 干辣椒洗净；葱洗净，切碎。
③ 排骨加盐、料酒、淀粉腌渍。
④ 锅置火上，入油烧热，下排骨炸至金黄色后，捞出。
⑤ 锅留油烧热，放入干辣椒爆香后，再下入排骨，加入芝麻炒匀，撒上葱花出锅即可。

猪肝爆洋葱

菜品特色： 麻辣鲜香，滋味极佳。
主料： 猪肝 200 克，洋葱 100 克。
辅料： 植物油 30 克，盐 3 克，料酒 10 克，辣椒酱 15 克。
制作过程：
①猪肝洗净，切片，加盐、料酒腌渍。
②洋葱洗净，切丝。
③锅置火上，入油烧热，入洋葱炒香，放入猪肝煸炒至变色。

④加入辣椒酱炒片刻，起锅装盘即可。
大厨献招： 猪肝尽量多炒一会儿。

小贴士
适量食用洋葱有益于健康，很多人在吃菜时会小心翼翼地把洋葱挑出来，唯恐避之不及，这就大错特错了。洋葱含有大量保护心脏的类黄酮，因此，我们应该把吃洋葱当成是维持身体健康的一种手段。尤其是在吃烤肉这种美味但容易诱发疾病的食物的时候，里面的洋葱就起着"调节剂"的作用。

川式泡菜猪肚

菜品特色： 成色美观，辣而不燥，佐餐佳肴。
主料： 猪肚 400 克，泡菜 50 克，黄瓜、胡萝卜各 20 克。
辅料： 植物油 30 克，盐 3 克，姜、蒜各 5 克，料酒 10 克，青椒、红椒各 30 克。
制作过程：
①猪肚洗净，切片；青椒、红椒均去蒂洗净，切片；姜、蒜去皮洗净，切末。
②黄瓜、胡萝卜均洗净，切片摆盘。
③锅置火上，注水烧沸，放入猪肚焯水，捞出沥干水分备用。
④锅置火上，入油烧热，下姜、蒜爆香，放入猪肚。
⑤放入泡菜煸炒片刻，下青椒、红椒炒匀，调入盐、料酒后，炒熟装盘即可。

腰花炒肝片

菜品特色：色泽鲜艳，鲜香细嫩，诱人胃口。
主料：猪腰 200 克，猪肝 200 克，洋葱 40 克。
辅料：植物油 30 克，盐 3 克，味精 2 克，酱油 12 克，料酒 10 克，青椒、红椒各 50 克。
制作过程：

1️⃣ 猪腰洗净，切成腰花；猪肝洗净切片；洋葱洗净，切片；青、红椒洗净切片。

2️⃣ 锅置火上，入油烧热，放入腰花、猪肝一起翻炒。
3️⃣ 再放入青椒、红椒、洋葱一起炒匀。
4️⃣ 倒入酱油、料酒炒至熟。
5️⃣ 调入盐、味精入味，起锅装盘即可。
大厨献招：焯腰花时切记把血沫撇除干净，既能去除骚味，又有益于身体健康。

葱椒腰花

菜品特色：麻辣鲜香，滋味醇厚，非常适合佐餐。
主料：猪腰 400 克，泡椒 50 克，大葱 50 克。
辅料：植物油 30 克，盐 2 克，味精 1 克，辣椒油 10 克，熟芝麻 5 克，香菜 30 克。
制作过程：

1️⃣ 猪腰洗净，切成凤尾花刀；泡椒切段；大葱洗净，葱白切长段，其余切花；香菜洗净，切段备用。

2️⃣ 锅置火上，入油烧热，放入泡椒、葱白煸香，下猪腰炒熟。

3️⃣ 加入盐、味精、辣椒油调味，撒上葱花、熟芝麻及香菜。

大厨献招：腰花要坡刀切，刀与腰子的夹角为45°，进刀深浅和刀距是否均匀决定切出的腰花的漂亮程度。

泡菜炒腰花

菜品特色：麻辣鲜香，辣而不燥，非常适合佐餐。

主料：猪腰 200 克，泡菜 100 克。

辅料：植物油 30 克，盐 2 克，酱油、香油、泡红椒各 5 克，料酒、水淀粉各 10 克。

制作过程：

①猪腰处理干净，剞上花刀，切块，加盐、水淀粉拌匀；泡菜洗净，切段。

②锅置火上，入油烧热，放入猪腰炒至八成熟时，盛出。

③再热油锅，下泡菜、泡红椒稍炒，烹入料酒，调入盐、酱油炒匀。

④倒入猪腰炒熟，以水淀粉勾芡，淋入香油，起锅装盘即可。

沸腾香辣蹄

菜品特色：生鲜油亮，肉质鲜嫩，营养丰富。

主料：猪蹄 500 克。

辅料：植物油 30 克，盐 3 克，酱油、姜各 5 克，干辣椒 50 克，料酒 10 克，葱花 30 克。

制作过程：

①猪蹄处理干净，斩块，放高压锅中煮熟，捞出沥水。

②姜洗净，切片；干辣椒洗净，切段。

③锅置火上，入油烧热，放入姜、干辣椒爆香。

④放入猪蹄翻炒，烹入料酒、酱油、适量热油翻炒均匀。

⑤加盐调味，翻炒炒匀，撒上葱花，起锅装盘即可。

小炒猪心

菜品特色：成色美观，麻辣鲜香。

主料：猪心 500 克，蒜苗 20 克。

辅料：植物油 30 克，盐 3 克，味精 2 克，酱油 15 克，料酒 10 克，红椒、大蒜各 50 克。

制作过程：

①猪心洗净切片；蒜苗洗净切段；红椒洗净切圈；蒜洗净切末。

②锅置火上，入油烧热，下蒜末炒香。

③放入猪心，翻炒至变色，再放入红椒、蒜苗翻炒均匀。

④倒入酱油、料酒炒熟，调入盐炒匀入味，起锅装盘即可。

腊肠茶树菇

菜品特色：香辣适口，肉味醇香。
主料：茶树菇300克，腊肠50克。
辅料：盐3克，味精2克，酱油15克，料酒5克，青椒、红椒各50克。
制作过程：
① 茶树菇洗净；腊肠洗净，切丝；青椒、红椒洗净，切丝。
② 锅置火上，入油烧热，放入腊肠炒至吐油。
③ 再加入茶树菇、青椒、红椒翻炒片刻。

④ 炒至熟后，加入盐、味精、酱油、料酒炒匀，起锅装盘即可。

小贴示

吃腊肠时的禁忌

腊肠是猪肉制品中的精品，如果在食用了腊肠之后或同时进食了西红柿、香蕉、核桃、乳酸之类的饮料，就很容易致癌。因为腊肠是添加硝酸盐熏制的肉食品，经乳酸菌作用后会还原成亚硝酸盐，再加上香蕉、西红柿中的胺类，就会产生致癌物质，导致癌症的发生。

青城老腊肠

菜品特色：成色美观，味浓醇香，令人食欲大增。
主料：腊肠400克。
辅料：植物油30克，盐4克，味精2克，酱油10克，大蒜、青椒、红椒各50克。
制作过程：
① 腊肠洗净，切片；大蒜洗净，切块；青椒、红椒洗净，切片。
② 锅置火上，入油烧热，放入蒜块稍炒。
③ 倒入腊肠炒至变色，再下入青椒、红椒炒匀。
④ 炒至熟时，加盐、味精、酱油调味，起锅装盘即可。
专家点评：健脾开胃，补虚养身

尖椒腊猪脸

菜品特色：操作简单，香气浓郁，佐酒佳肴。
主料：腊猪脸 150 克，青椒、红椒各 50 克。
辅料：植物油 30 克，盐、味精、酱油各 5 克，料酒 10 克。
制作过程：

①青椒、红椒均洗净，切片；腊猪脸用温水浸泡后洗净，切片。

②锅置火上，入油烧热，入腊猪脸煸炒，放入青、红椒同炒片刻。

③调入盐、味精、料酒、酱油炒匀，起锅装盘即可。
大厨献招：可用火烧掉腊猪脸上的毛。

小贴示

腊猪脸制作的时候要先用较多的盐腌制，会偏咸，切片后冷盐水浸泡可以漂出多余的盐，用热水煮一下也可以，但同时也会减淡熏香味。

自贡麻辣香肠

菜品特色：麻辣鲜香，醇香浓郁，别有风味。
主料：香肠 300 克。
辅料：植物油 30 克，鸡精 1 克，盐 2 克，胡椒粉、花椒粉、辣椒粉各 5 克。
制作过程：

①将香肠洗净，放入蒸笼中蒸熟，切成斜片。

②锅置火上，入油烧热，下入胡椒粉、花椒粉、辣椒粉炒香；下入香肠煸出香味。

③翻炒熟后，加入鸡精、盐调味，起锅装盘即成。

小贴示

质量好的香肠，肠衣干燥不发霉，无黏液，肠衣和肉馅紧密连在一起，表面紧实有弹性，切面结实，色泽均匀，周围和中心一致，脂肪白色，无灰色斑点，精肉色红，具有芳香味。

香辣回锅牛肉

菜品特色：生鲜油亮，麻辣鲜香，非常适合佐餐。

主料：牛肉400克。

辅料：植物油30克，盐2克，味精1克，酱油12克，豆瓣酱15克，干辣椒、香菜各50克。

制作过程：

① 牛肉洗净，入锅中煮熟后捞出凉凉，再切成片。

② 香菜洗净，切段；干辣椒洗净，切圈。

③ 锅置火上，入油烧热，下干辣椒炒香后，再放入牛肉翻炒均匀。

④ 炒至熟后，加入盐、味精、酱油、豆瓣酱一起拌匀入味，撒上香菜，起锅装盘即可。

大厨献招：牛肉不要久炒，并避免粘连。

小贴示

牛肉的肌肉纤维较粗糙，不易消化，并含很高的胆固醇和脂肪，故老人、幼儿及消化力弱的人不宜多吃。

巴山蜀香牛肉

菜品特色：成色美观，油亮光洁，芳香扑鼻。

主料：牛肉300克。

辅料：植物油30克，干辣椒、盐各4克，料酒、酱油、水淀粉各15克，蒜、葱、青椒、红椒各50克，花椒粉、花生各5克。

制作过程：

① 牛肉洗净切片，用料酒、酱油腌渍，用水淀粉挂糊。

② 青椒、红椒、干辣椒、葱洗净切段；蒜去皮洗净切碎。

③ 锅置火上，入油烧热，牛肉片炸至金黄色，捞出沥油。

④ 锅底留油，下入蒜、干辣椒、花生爆香。

⑤ 下入牛肉片大火翻炒，调入酱油、花椒粉、盐，加入青椒、红椒炒匀，起锅装盘即可。

川府牛腩

菜品特色：柔软带韧，麻辣鲜香，非常适合佐餐。
主料：牛腩 500 克，腐竹 100 克，葱、香菇各 20 克。
辅料：植物油 30 克，生抽、盐各 5 克，鸡精 3 克，料酒 10 克，辣椒油 20 克，姜、蒜各 50 克。
制作过程：
❶牛腩洗净，切块；腐竹泡发洗净，切段；葱洗净切段；姜、蒜洗净切片；香菇泡发洗净。
❷牛腩入热水中氽烫，捞出沥干水分备用。
❸锅置火上，入油烧热，下姜、蒜爆香，放入牛腩、腐竹、香菇煸炒。
❹调入盐、生抽、料酒、辣椒油炒匀。
❺起锅前放入葱段、鸡精略炒，装盘即可。

泡菜牛肉

菜品特色：麻辣鲜香，柔软带韧，略有酸甜，佐餐佳肴。
主料：泡菜 200 克，牛肉 300 克。
辅料：植物油 30 克，干辣椒 30 克，红椒 30 克，盐 2 克，酱油 1 克。
制作过程：
❶牛肉洗净，切片，抹上盐和酱油腌渍入味。
❷泡菜切块；红椒洗净切块；干辣椒洗净切段。
❸锅置火上，入油烧热，下入牛肉炒熟，再倒入泡菜炒匀。
❹下入干辣椒和红椒炒入味，即可出锅。
大厨献招：牛肉下锅炒的时间不要太长，要大火快炒，炒至变色后即可，以免口感太老。

双椒牛柳

菜品特色：滋味鲜美，肥而不腻，营养丰富。
主料：牛肉 300 克，青椒 50 克，花椒 50 克。
辅料：植物油 30 克，盐 2 克，味精 1 克，酱油 12 克，料酒 10 克。
制作过程：
❶牛肉洗净，切条；青椒洗净，切片。
❷锅置火上，入油烧热，放入牛肉炒至变色，加入青椒、花椒一起翻炒。
❸炒至熟后，加入盐、味精、酱油、料酒拌匀调味，起锅装盘即可。

小贴士
牛肉不可与鱼肉一起烹调，也不可与栗子、黍米、蜂蜜、韭菜、白酒、生姜同食。

麻辣蹄筋

菜品特色：麻辣爽口，滋味浓郁，非常适合佐餐。

主料：牛蹄筋400克，泡椒、干辣椒各100克。

辅料：植物油30克，蒜苗30克，盐3克，鸡精1克，辣椒油5克。

制作过程：

① 牛蹄筋洗净，入沸水锅中加料酒、姜片煮熟，捞起，切片。

② 锅置火上，入油烧热，下入泡椒、干辣椒、蒜苗、辣椒油炒香，加入牛蹄筋爆炒。

③ 调入盐、鸡精调味，起锅装盘即可。

大厨献招：要选择色泽白、软硬均匀，且没有硬块的牛蹄筋为佳。

辣爆羊羔肉

菜品特色：鲜嫩肥美，香气浓郁，回味悠长。

主料：羊羔肉400克，青椒、红椒、洋葱各50克，米粉100克。

辅料：植物油30克，盐、鸡精各5克，老抽5克，料酒10克。

制作过程：

① 将羊羔肉洗净切块；青椒、红椒去蒂，切片；洋葱洗净切片；米粉泡水至软。

② 羊羔肉入沸水中氽烫，捞出。

③ 羊羔肉放入碗中，加料酒腌渍入味，备用。

④ 锅置火上，入油烧热，下入羊羔肉、青椒、红椒、洋葱、米粉同炒。

⑤ 再下入盐、鸡精、老抽，拌匀，起锅装盘即可。

腊八豆羊排

菜品特色：色泽红亮，肥而不腻，浓香醇厚。

主料：羊排骨500克，腊八豆50克，青椒、红椒各50克。

辅料：植物油30克，盐3克，味精2克，酱油、醋各5克，料酒10克，茴香适量。

制作过程：

① 羊排骨洗净，剁成块；青椒、红椒洗净，切圈。

② 锅置火上，入油烧热，下羊排骨炸熟后，捞出。

③ 锅底留油，下腊八豆、青椒、红椒翻炒。

④ 再放入羊排，加入盐、酱油、醋、料酒翻炒至熟时，加入味精和茴香调味，起锅装盘即可。

专家点评：补肝益肾，开胃消食

巴蜀脆香鸡

菜品特色：色泽鲜亮，外酥里嫩，风味独特。

主料：鸡肉 400 克，花生米 20 克，干红椒 20 克。

辅料：植物油 30 克，盐、味精各 3 克，香油、生抽各 10 克。

制作过程：

① 鸡肉处理干净，切丁；干红椒洗净，切段；花生米洗净。

② 锅置火上，入油烧热，下花生米炒香，入鸡肉炒熟，加干红椒炒匀。

③ 用盐、味精、香油、生抽调味，装盘即可。

大厨献招：选用白里透红、手感光滑的鸡肉烹饪，味道更好。

泡椒三黄鸡

菜品特色：香辣适口，回味无穷。

主料：鸡肉 200 克，莴笋、泡椒各 150 克。

辅料：植物油 30 克，盐 3 克，蒜、野山椒各 30 克，酱油、辣椒油各 5 克。

制作过程：

① 鸡肉洗净，切小块；莴笋去皮洗净，切条；蒜去皮洗净。

② 锅置火上，入油烧热，入蒜、泡椒炒香。

③ 放入鸡肉、莴笋同炒片刻，加盐、野山椒、酱油、辣椒油调味。

④ 稍微加点水烧一会儿，起锅装盘即可。

成都小炒鸡

菜品特色：生鲜油亮，麻辣鲜香，回味无穷。

主料：鸡肉 400 克。

辅料：植物油 30 克，盐 3 克，料酒 10 克，酱油、花椒粒、干红椒、青椒、蚝油、大蒜、姜末各 5 克。

制作过程：

① 鸡肉洗净，切块，加盐、料酒、酱油腌渍。

② 干红椒、青椒均洗净，切段；大蒜去皮洗净，切丁。

③ 锅置火上，入油烧热，入干红椒、大蒜、姜末、青椒、花椒粒炒香。

④ 放入鸡肉，炒至变色，调入蚝油拌匀，注入适量清水烧开。

⑤ 待煮至汤汁浓稠，起锅装盘即可。

孜然鸡心

菜品特色：色泽油亮，柔中带韧。

主料：鸡心 200 克，孜然 30 克。

辅料：植物油 30 克，芝麻、盐、老抽各 3 克，鸡精 2 克，料酒 10 克，淀粉 10 克，香菜、干辣椒各 50 克。

制作过程：

① 将鸡心处理干净，切片，加盐、老抽、料酒腌渍入味，拌入淀粉。

② 香菜洗净，摆入盘中；干辣椒洗净切段。

③ 锅置火上，入油烧热，下入芝麻、干辣椒、鸡心炒香。

④ 鸡心炒至八成熟，再下入孜然、盐、鸡精、老抽翻炒均匀，起锅装盘。

麻酱鸡胗

菜品特色：口味鲜香，肉质劲道。

主料：鸡胗 400 克，白芝麻 5 克。

辅料：植物油 30 克，盐 2 克，味精 1 克，酱油 10 克，辣椒油 20 克，葱、大蒜各 50 克。

制作过程：

① 鸡胗洗净，切成片；大蒜洗净，切成末；葱洗净，切成花。

② 锅置火上，入油烧热，放入鸡胗翻炒至变色。

③ 再依次加入白芝麻、大蒜、葱、辣椒油炒匀。

④ 炒至熟后，加入盐、味精、酱油调味，起锅装盘即可。

大厨献招：鸡胗洗净后，最好用开水烫一下，以去除其腥味。

香辣鸡软骨

菜品特色：色泽油亮，柔中带韧。

主料：鸡软骨 300 克，干辣椒 80 克。

辅料：植物油 30 克，盐 3 克，香油、芝麻各 5 克，青椒、淀粉各 30 克。

制作过程：

① 鸡软骨洗净剁成小块，入沸水中汆烫，加入淀粉拌匀。

② 青椒去蒂洗净，切片；干辣椒洗净，切段。

③ 锅置火上，入油烧热，下入干辣椒、青椒、芝麻炒香。

④ 下入鸡软骨炸酥，调入盐，淋上香油即可。

大厨献招：炸鸡脆骨时用中火，不易炸焦。

馋嘴鸭掌

菜品特色：香辣适口，滋味浓郁，回味悠长。
主料：鸭掌 300 克，黄瓜 150 克。
辅料：植物油 30 克，盐 3 克，酱油 5 克，干红椒 30 克，蒜 30 克，花椒粉 5 克。
制作过程：

1 将鸭掌洗净，切去趾甲；黄瓜洗净，切条；干椒洗净，切段；蒜去皮，洗净。
2 锅置火上，入油烧热，放入干椒、蒜爆香。
3 再放入鸭掌、黄瓜炒匀，掺少许水烧干。
4 再调入盐、酱油、花椒粉炒熟，起锅装盘即可。

小贴士
从营养学角度讲，鸭掌多含蛋白质，低糖，少脂肪，所以鸭掌是绝佳的减肥食品。

泡菜鸭片

菜品特色：清鲜醇香，略带酸辣，营养味美。
主料：泡菜 200 克，鸭肉 300 克。
辅料：植物油 30 克，红辣椒 30 克，盐 2 克。
制作过程：

1 鸭肉洗净切片。
2 泡菜切片。
3 红辣椒洗净切段。
4 锅置火上，入油烧热，下入鸭肉炒至变色，加入泡菜炒匀。
5 加盐和红辣椒炒至入味，起锅装盘即可。
大厨献招：鸭肉可先抹上少许盐腌渍，有助于入味；为使鸭肉滑嫩，炒鸭片时动作要快。

麻辣鸭肝

菜品特色：肉质鲜嫩，麻辣鲜香，柔中带韧。
主料：鸭肝 400 克。
辅料：植物油 30 克，盐 3 克，姜 5 克，酱油 10 克，豆瓣酱 100 克，料酒 15 克。
制作过程：

1 鸭肝洗净，切片；姜去皮，洗净切丝。
2 锅置火上，入油烧热，下姜丝、豆瓣酱爆香。
3 放入鸭肝翻炒，放入盐、料酒、酱油翻炒至熟，起锅装盘即可。

小贴士
肝脏是动物体内最大的毒物中转站和解毒器官，所以刚买回的鲜鸭肝不要急于烹调，最好先用自来水冲洗 10 分钟，然后放在水中浸泡 30 分钟。

尖椒豆豉炒蛋

菜品特色：口味鲜香，滋味浓郁。

主料：豆豉、鸡蛋、青椒、红椒各 30 克。

辅料：植物油 30 克，盐 3 克，鸡精 2 克，姜 5 克，蒜 3 克。

制作过程：

① 青椒、红椒洗净切菱形片；姜、蒜洗净切末。

② 鸡蛋打入碗内，调入盐、鸡精拌匀。

③ 锅置火上，入油烧热，倒入蛋清，翻炒至熟，捞出。

④ 另起锅置火上，入油烧热，放入辣椒片、豆豉、姜末、蒜蓉爆香后，倒入炒蛋，调入少许盐、鸡精翻炒均匀，即可出锅。

蛋白炒海鲜

菜品特色：咸鲜鲜美，浓厚醇香。

主料：鸡蛋、蟹柳、鱿鱼、菜心、花甲肉各 50 克。

辅料：植物油 30 克，姜 3 克，蒜 3 克，盐 2 克，鸡精 2 克。

制作过程：

① 菜心洗净切粒；鱿鱼洗净切花；蟹柳洗净切粒；姜、蒜去皮切末；花甲肉洗净备用。

② 锅置火上，注水煮沸，调入盐、鸡精、姜。

③ 将菜心、鱿鱼、蟹柳和花甲肉入沸水中汆烫，捞出。

④ 锅置火上，入油烧热，倒入蛋清，炸熟，捞出。

⑤ 另起锅，放油，爆香姜末、蒜蓉，倒入各种原材料，炒匀，起锅装盘即可。

玉米炒蛋

菜品特色：色泽金黄，甜香爽口。

主料：玉米粒 150 克，鸡蛋、火腿、青豆、胡萝卜各 20 克。

辅料：植物油 30 克，盐 3 克，水淀粉 4 克，葱花 5 克。

制作过程：

① 所有原材料处理干净。

② 鸡蛋入碗中打散，加入盐和水淀粉调匀；火腿切丁。

③ 锅置火上，入油烧热，倒入蛋液炒熟。

④ 放玉米粒、胡萝卜粒、青豆和火腿粒，炒香后再放入鸡蛋块，加盐调味，炒匀。

⑤ 盛出时撒入葱花即可。

油炝小鲫鱼

菜品特色：香辣适口，入口化渣。

主料：鲫鱼300克，洋葱、胡萝卜各50克。

辅料：植物油30克，盐3克，鸡精1克，酱油8克，青椒10克，淀粉15克，香菜30克，花生、芝麻各5克。

制作过程：

① 将鲫鱼处理干净，切块，加盐、酱油腌渍入味，再与淀粉拌匀。

② 香菜洗净，切段；青椒去蒂，切片；洋葱、胡萝卜洗净切片。

③ 锅置火上，入油烧热，放入鲫鱼块、芝麻、花生、洋葱、胡萝卜，炸至八成熟，放入青椒爆香。

④ 再放入盐、鸡精炒匀，撒上香菜即可。

香辣扒皮鱼

菜品特色：肉质鲜嫩，香辣适口。

主料：鲜鱼400克，干辣椒100克。

辅料：植物油30克，盐、鸡精各3克，大蒜30克，生抽5克，大葱、淀粉、料酒各30克。

制作过程：

① 将鱼肉洗净扒皮去头，拌入盐、料酒、生抽腌渍，拌入淀粉。

② 干辣椒洗净，切段；大葱洗净切成段；大蒜去皮洗净。

③ 热锅下油，再下入鱼肉过油捞出；锅中留油，下入干辣椒、大蒜炒出香味，再下入鱼肉同炒至金黄，调入盐、鸡精炒匀，撒上大葱即可。

东坡脆皮鱼

菜品特色：外酥里嫩，肉质嫩滑。

主料：鲤鱼500克，葱40克，香菜30克。

辅料：植物油30克，姜30克，料酒5克，胡椒粉5克，盐3克，淀粉5克，糖3克，番茄酱10克。

制作过程：

① 鲤鱼处理干净，两面打上花刀。

② 葱、姜洗净切碎；香菜洗净，切段。

③ 鲤鱼用葱、姜、盐、料酒、胡椒粉腌渍，拣除葱、姜，用水淀粉挂糊，拍上干淀粉。

④ 锅置火上，入油烧热，放入鲤鱼，炸至表皮酥脆装盘。

⑤ 锅中加入糖和番茄酱炒匀，浇在鱼上，撒上香菜即可。

大妈带鱼

菜品特色：肉质软嫩，香气扑鼻，令人胃口大开。

主料：带鱼350克，干红椒50克。

辅料：植物油30克，盐、味精各3克，酱油、料酒、姜片、白糖、水淀粉各15克，辣椒25克。

制作过程：

① 带鱼处理干净，切成段，用盐、酱油、料酒、姜片、辣椒腌渍半个小时，用水淀粉挂上糊；干红椒洗净。

② 锅置火上，入油烧热，下入干红椒爆香。

③ 放入带鱼，大火炸至表面呈金黄色。

④ 放入盐、味精、酱油、白糖调味，起锅装盘即可。

小窍门

带鱼身上的腥味和油腻较大，用清水很难洗净，可把带鱼先放在碱水中泡一下，再用清水洗，就会很容易洗净，而且无腥味。

川东带鱼

菜品特色：鱼肉鲜嫩肥美，滋味浓郁。

主料：带鱼300克，蒜苗50克。

辅料：植物油30克，盐3克，姜30克，淀粉10克。

制作过程：

① 将带鱼洗净，切块；蒜苗洗净，切长段；姜去皮洗净，切片。

② 将淀粉用水搅拌成糊状，放适量盐，放带鱼块混合均匀待用。

③ 锅置火上，入油烧热，下姜片爆香。

④ 放带鱼块炸至表面金黄，放蒜苗略炒片刻，加盐炒匀，起锅摆盘即可。

大厨献招：养肝补血，促进机体新陈代谢。

脆椒墨鱼丸

菜品特色：形色美观，柔软香嫩。

主料：墨鱼丸350克，花生米、白芝麻各适量，红椒、葱各30克。

辅料：植物油30克，盐3克，味精2克，料酒10克，辣椒油、香油各5克。

制作过程：

① 墨鱼丸洗净，入沸水锅中汆烫后捞出。

② 红椒洗净，切段；葱洗净，切花。

③ 锅置火上，入油烧热，入红椒、花生米、白芝麻炸至香脆，再放入墨鱼丸炒熟。

④ 调入盐、味精、料酒、辣椒油炒匀，淋入香油，撒上葱花即可。

口口香脆鳝

菜品特色：色香味俱全，酥脆爽口。

主料：鳝鱼350克，干辣椒、青椒、红椒、蒜苗各30克。

辅料：植物油30克，花生米30克，盐3克，鸡精1克，酱油、淀粉各10克，豆豉5克。

制作过程：

❶ 所有原材料处理干净，鳝鱼加盐和淀粉拌匀。

❷ 锅置火上，入油烧热，放入鳝段炸至表面泛红，捞起备用。

❸ 锅底留油，下入干辣椒、花生米炒香，加入鳝段炒匀。

❹ 再放入青椒、红椒、蒜苗和豆豉翻炒，最后放入盐、鸡精、酱油调味，起锅装盘即可。

香辣锅巴鳝鱼

菜品特色：麻辣鲜香，滋味浓郁，风味独特。

主料：鳝鱼300克，锅巴100克。

辅料：植物油30克，醋、盐各3克，味精1克，酱油10克，青椒、红椒各50克。

制作过程：

❶ 鳝鱼处理干净，切段；青椒、红椒洗净，切片；锅巴掰成小片。

❷ 锅置火上，入油烧热，放入鳝鱼炸至焦香，放入锅巴、青椒、红椒一起炒匀。

❸ 炒至熟后，加入盐、味精、酱油、醋调味，起锅装盘即可。

专家点评：明目，解毒，通脉络，补虚损。

椒香鲜鳝

菜品特色：鲜嫩肥美，滋味浓郁。

主料：鳝鱼250克。

辅料：植物油30克，盐3克，红椒、青椒各25克，花椒40克，辣椒油5克。

制作过程：

❶ 将鳝鱼宰杀，去内脏，切条，洗净；红椒、青椒洗净，切碎；花椒洗净。

❷ 鳝鱼入沸水中汆烫，捞起沥干水分。

❸ 锅置火上，入油烧沸，放入红椒、青椒、花椒，爆香。

❹ 再放入鳝鱼，调入盐、辣椒油，炒熟，起锅装盘即可。

口味鳝片

菜品特色：色泽油亮，口味香脆，风味独特。

主料：鳝鱼 400 克，蒜薹、红椒各 100 克。

辅料：植物油 30 克，豆豉 10 克，盐 2 克，酱油 3 克，干辣椒 5 克。

制作过程：

① 鳝鱼洗净切段；蒜薹洗净切段；红椒洗净切圈；干辣椒洗净切段。

② 锅置火上，入油烧热，下入鳝鱼翻炒，加入蒜薹和红椒炒熟。

③ 倒入盐、酱油和干辣椒炒至入味，起锅装盘即可。

大厨献招：鳝鱼宰杀前，宜先用清水活养，使其吐出泥。

香辣九节虾

菜品特色：色泽红亮，香辣鲜浓。

主料：虾 300 克，干辣椒 10 克，青椒、红椒各 30 克。

辅料：植物油 30 克，盐 3 克，葱 5 克，鸡精 2 克，醋适量。

制作过程：

① 虾处理干净备用；干辣椒洗净备用；青椒、红椒均去蒂洗净，切圈；葱洗净，切段。

② 锅置火上，入油烧热，下干辣椒爆香。

③ 放入虾，炸至酥脆，放入青椒、红椒翻炒，调入盐、鸡精、醋炒匀。

④ 快熟时，放入葱段略炒起锅装盘即可。

专家点评：增强免疫力。

泡菜碎米虾

菜品特色：麻辣咸香俱全，风味独特。

主料：虾 250 克，泡胡萝卜 100 克，豌豆少许。

辅料：植物油 30 克，盐 3 克，淀粉 5 克，芝麻 20 克，葱末 30 克，野山椒 50 克。

制作过程：

① 虾处理干净，加盐、淀粉腌渍；豌豆焯水备用。

② 泡胡萝卜洗净，切丁；野山椒洗净，切圈。

③ 锅置火上，入油烧热，放入虾炸至金黄，捞出沥油。

④ 锅底留油，放入芝麻、野山椒爆香，再放入泡胡萝卜、豌豆、虾翻炒片刻，加盐炒匀，撒上葱末，起锅装盘即可。

川西小炒牛蛙

菜品特色：麻辣味厚，口感酥香，风味独特。

主料：牛蛙 350 克。

辅料：植物油 30 克，盐 3 克，料酒 10 克，胡椒粉 4 克，辣椒油、酱油、香油各 5 克，青椒、红椒各 50 克。

制作过程：

① 牛蛙处理干净，切块，加盐、料酒、酱油腌渍。

② 青、红椒均洗净，切段。

③ 锅置火上，入油烧热，入牛蛙煸炒，加入青、红椒同炒片刻。

④ 调入胡椒粉、辣椒油，加入适量清水焖至熟透入味，淋入香油，起锅装盘即可。

鲜椒炒岩蛙

菜品特色：鲜咸味美，滋味浓郁，佐酒佳肴。

主料：岩蛙 500 克，芹菜 100 克。

辅料：植物油 30 克，盐 3 克，红辣椒 50 克，青花椒 10 克，辣椒粉 5 克，姜、蒜各 50 克，料酒 10 克，醋 5 克。

制作过程：

① 岩蛙去皮洗净，切块；芹菜洗净，切小段；红辣椒洗净，切圈；姜、蒜均去皮洗净，切末。

② 锅置火上，入油烧热，下姜、蒜、青花椒爆香。

③ 放岩蛙滑炒至八成熟时，放芹菜、红辣椒一起炒，调入盐、辣椒粉、料酒、醋，炒熟后起锅装盘即可。

川味泡菜

菜品特色：颜色亮丽，酸辣带甜，诱人食欲。

主料：包菜 300 克。

辅料：植物油 30 克，干红椒、姜片各 30 克，大料、花椒、白酒、蜂蜜、香油、辣椒油各 15 克，盐 50 克，味精 2 克。

制作过程：

① 包菜洗净，去除老叶，与干红椒、花椒、姜片、大料一起放入盐水中，加入白酒、蜂蜜调味，密封，放在阴凉处腌渍 1 天，取出，沥干水分，切成细丝，盛盘。

② 锅置火上，入油烧至六成热，加盐、香油、辣椒油、味精调匀，淋在泡菜上即可。

泡椒娃娃菜

菜品特色：辣而不燥，滋味鲜美，令人胃口大开。

主料：娃娃菜 400 克。

辅料：植物油 30 克，红、绿泡椒各 30 克，盐 3 克，味精 2 克，香油 5 克。

制作过程：

① 将娃娃菜洗净，竖切成条，入水焯熟，捞出沥干水分，装盘。

② 用盐、味精、香油调成味汁，倒在娃娃菜上进行腌渍。

③ 最后，将红泡椒、绿泡椒撒在娃娃菜上即可。

大厨献招：最后在娃娃菜上喷少许醋，吃起来更香脆。

专家点评：排毒瘦身。

辣白菜炒年糕

菜品特色：酸辣适口，鲜香甜糯，深受大众喜爱。

主料：年糕 300 克，白菜 150 克。

辅料：植物油 30 克，盐 3 克，鸡精、芝麻各 3 克，辣椒粉、酱油、辣椒油各 5 克。

制作过程：

① 年糕洗净切条，入沸水煮软捞出，加酱油调味。

② 白菜洗净切片。

③ 锅置火上，入油烧热，放入辣椒粉、芝麻炒香。

④ 下入年糕、白菜翻炒，调入盐、鸡精炒匀，加入辣椒油调味，起锅装盘即可。

大厨献招：加入年糕片后不宜炒太久，否则年糕太软了就不好吃了。年糕受热有时会粘锅，加入以后要不时地翻炒，防止粘锅。

酱爆茄子

菜品特色：香而不腻，佐餐佳肴。

主料：茄子 400 克，青椒、红椒各 40 克。

辅料：植物油 30 克，香菜 20 克，盐 3 克，鸡精 1 克，酱油 10 克。

制作过程：

① 茄子洗净，切条；青椒、红椒分别洗净，切丁；香菜洗净，切段。

② 锅置火上，入油烧热，放入茄条炸熟，捞出控油。

③ 锅底留油，放入青椒、红椒炒香。

④ 再下入炸过的茄条同炒片刻，调入盐、鸡精、酱油调味，撒上香菜，装盘。

炝炒大白菜

菜品特色：做法简单，味道鲜美，香辣适口。
主料：大白菜400克，干椒、花椒、葱花各30克。
辅料：植物油30克，盐3克，味精2克。
制作过程：
① 大白菜洗净切丝。
② 白菜丝入沸水锅中汆烫，捞出沥干水分，备用。
③ 锅置火上，入油烧热，下入干椒、花椒炝锅。
④ 再放白菜丝翻炒片刻，调入盐、味精，撒上葱花即可。

小贴士
烹饪大白菜时，最好先用开水焯一下，能保护大白菜中的维生素C不被破坏。

萝卜干炒豌豆

菜品特色：操作简单，酥脆爽口，诱人食欲。
主料：萝卜干150克，豌豆100克。
辅料：植物油30克，盐3克，酱油、辣椒油各5克，干红椒30克。
制作过程：
① 萝卜干洗净，切段；豌豆洗净，焯水后捞出；干红椒洗净，切碎。
② 锅置火上，入油烧热，下干红椒炒香，再入萝卜干、豌豆同炒片刻。
③ 调入盐、酱油、辣椒油炒匀入味，起锅装盘即可。
大厨献招：起锅前可用淀粉勾芡，味道更好。

酸菜蚕豆

菜品特色：口味鲜香，酸辣爽口。
主料：蚕豆200克，酸菜100克。
辅料：植物油30克，盐3克，味精2克，红椒50克。
制作过程：
① 蚕豆洗净，入沸水中汆烫后捞出。
② 酸菜洗净，切碎；红椒洗净，切小段。
③ 锅置火上，入油烧热，入红椒炒香，加入酸菜、蚕豆同炒至熟。
④ 调入盐、味精炒匀即可。
大厨献招：挑选蚕豆以颗粒大、果仁饱满、无发黑、无虫蛀、无污点者为佳。

辣椒炒豆角

菜品特色：操作简单，酥脆爽口，诱人食欲。

主料：豆角 80 克。

辅料：植物油 30 克，盐 3 克，大蒜 10 克，鸡精 2 克，青椒 50 克。

制作过程：

① 将豆角洗净，切段；红椒去蒂洗净，切段；大蒜去皮，洗净。

② 锅置火上，入油烧热，放入青椒、大蒜炒香。

③ 再下入豆角，爆炒片刻，熟后，调入盐、鸡精即可。

大厨献招：选用新鲜脆嫩的豆角烹饪，口感更好。

双仁菠菜

菜品特色：成色美观，口味清新，营养丰富。

主料：菠菜 250 克，核桃仁 50 克，花生米 50 克。

辅料：植物油 30 克，盐 3 克，料酒 15 克，芝麻 5 克。

制作过程：

① 各种材料治净。

② 锅置火上，入油烧热，放入花生米炒至八成熟。

③ 放核桃仁、芝麻炒香，再放入菠菜翻炒至断生，调入盐、料酒翻炒均匀，起锅装盘即可。

大厨献招：炒花生米一定要用小火。

小窍门

在烹饪前，先将菠菜用开水烫一下，这样既可保全菠菜的营养成分，又能除掉 80% 以上的草酸。

清炒油麦菜

菜品特色：材料易得，操作便捷，营养丰富。

主料：油麦菜 300 克。

辅料：植物油 30 克，盐 3 克，鸡精 2 克，蒜 30 克。

制作过程：

① 油麦菜洗净，切成长段；蒜去皮洗净切末。

② 锅置火上，入油烧热，爆香蒜末，放入油麦菜大火煸炒至熟，

③ 最后加入盐、鸡精略炒，起锅装盘即可。

大厨献招：炒油麦菜的时间不宜过长，以免影响色泽和营养。

小贴士

油麦菜对乙烯极为敏感，储藏时应远离苹果、梨和香蕉，以免诱发赤褐斑点。油麦菜性寒凉，尿频、胃寒的人应少吃。

油焖笋干

菜品特色：鲜香味浓，口味独特，回味悠长。
主料：笋干 300 克。
辅料：植物油 30 克，盐、鸡精各 3 克，生抽、香油各 5 克，淀粉 20 克。
制作过程：
1 将笋干泡发洗净，切段。
2 锅置火上，入油烧热，下入笋干煸炒至八成熟，用淀粉勾芡。
3 再下入盐、鸡精、生抽炒匀，炒熟淋入香油，起锅装盘即可。
大厨献招：笋干用温水泡，更易泡软。
专家点评：生津开胃。

尖椒炒茄片

菜品特色：香辣适口，非常适合下饭。
主料：茄子 400 克。
辅料：植物油 30 克，盐 3 克，味精 1 克，醋 5 克，酱油 12 克，青椒、红椒各 50 克。
制作过程：
1 茄子洗净，切片，下入清水中稍泡后，捞出挤干水分；青椒、红椒洗净，切片。
2 锅中注油烧热，放入茄片翻炒，再放入青椒、红椒炒匀。
3 炒至熟后，加入盐、味精、醋、酱油拌匀调味，起锅装盘即可。
专家点评：清热解暑。

肥而不腻，滋味浓郁，口味独特。

五花肉烧面筋

主料：五花肉 200 克，面筋 100 克。

辅料：植物油 30 克，盐 3 克，料酒 10 克，酱油、大葱、红椒各 5 克，白糖适量。

制作过程：

① 五花肉洗净，放入锅中稍煮一下，去腥。

② 将五花肉捞出，凉凉后切片。

③ 面筋洗净，切片；大葱洗净，切段；红椒洗净，切圈。

④ 锅置火上，入油烧热，放入三勺白糖，炒成糖色。

⑤ 倒入切好片的五花肉快速翻炒。

⑥ 待五花肉均匀上色后，放入适量水、酱油、白糖。

⑦ 下面筋、红椒、大葱同炒至熟。

⑧ 小火焖 25 分钟，收汁，起锅装盘即可。

大厨献招：用瘦肉多点的五花肉比较好；炒糖色的时候要不停搅拌，注意不要让糖糊了。

色泽红润, 过口难忘。

香辣酱兔头

主料: 兔头 400 克, 生菜 100 克, 白芝麻少许。
辅料: 植物油 30 克, 豆瓣酱 10 克, 花椒粉、辣椒粉各 20 克, 料酒 10 克, 卤水 500 克。
制作过程:
① 生菜洗净, 排于盘中。
② 将兔头治净备用。
③ 把兔头放入卤水中卤约半小时, 捞出备用。
④ 取少许卤水烧沸, 下料酒、豆瓣酱用小火稍炒,

再加入花椒粉、辣椒粉炒几分钟, 下入兔头不停地翻炒。
⑤ 炒至卤汁将干时, 撒白芝麻。
⑥ 兔头出锅盛在生菜上, 浇汁即可。

小贴士
孕妇及经期女性、有明显阳虚症状的女子、脾胃虚寒者不宜食用。

肉质鲜嫩，色泽红亮油润，口味香脆酸甜。

糖醋排骨

主料：猪排骨 500 克。

辅料：植物油 30 克，白糖 75 克，菜油 500 克（实耗 75 克），鲜汤 50 克，盐 3 克，醋、花椒各 5 克，料酒 10 克，葱、姜各 40 克。

制作过程：

① 葱、姜洗净，葱切段，姜拍破。

② 猪排骨洗干净，斩成 5 厘米长的段。

③ 排骨放入沸水中焯烫后捞出，沥水备用。

④ 锅置火上，入油烧至七成热，放入排骨炸至呈金黄色后捞出。

⑤ 另取锅洗净，置火上，下入鲜汤、白糖熬化。

⑥ 再加醋、排骨炒匀，最后加入姜、葱、盐、花椒、料酒、菜油炒匀，起锅装盘即可。

大厨献招：排骨在油锅中不要炸焦，至呈金黄色即捞起；白糖入锅以溶化为度，切忌熬焦，否则有苦味。

色泽鲜、口润、软糯，造型美观。

扒羊头肉

主料： 羊头肉 500 克。

辅料： 植物油 30 克，酱油、料酒各 15 克，盐 3 克，花椒、葱花各 5 克，水淀粉 10 克。

制作过程：

①将羊头洗净备用。

②把羊头肉切成均匀的薄片。

③切好的羊头肉片入沸水中氽烫后捞出。

④将羊头肉片用酱油、料酒腌渍 20 分钟。

⑤热锅入油，放入花椒爆香。

⑥放入羊头肉翻炒，烹入料酒、酱油、盐，翻炒至熟。

⑦用水淀粉勾芡，出锅盛盘。

⑧最后，撒上葱花即可。

小贴示

羊肉不能与醋同吃

吃羊肉时不宜同时吃醋，因为羊肉性热，功能是益气补虚，而醋中含蛋白质、糖、维生素、醋酸以及多种有机酸，性温。性温的醋与热性的羊肉不能同时吃。

麻辣鲜香，口味独特，诱人食欲。

麻辣沸腾蹄

主料： 猪蹄 500 克，干辣椒 100 克，花椒 50 克，生菜 100 克。

辅料： 植物油 30 克，辣椒油 5 克，盐 3 克，鸡精 2 克，芝麻 5 克。

制作过程：

① 猪蹄洗净。

② 锅中加适量水烧开，放入猪蹄焯水，去掉血水。

③ 干辣椒洗净，切段。

④ 生菜洗净，摆在盘底。

⑤ 锅置火上，入油烧至七成热，放入干辣椒、花椒、辣椒油、芝麻炒香。

⑥ 再倒入猪蹄爆炒。

⑦ 然后加适量清水，焖煮至猪蹄熟。

⑧ 调入盐和鸡精，翻炒均匀，起锅倒在生菜上即可。

鲜咸味美，滋味浓郁，回味悠长。

川府太白羊肉

主料：羊肉 350 克，红枣、上海青各 50 克，西红柿 15 克。

辅料：植物油 30 克，香菜 30 克，盐、味精各 3 克，酱油、香油各 10 克。

制作过程：

❶ 羊肉洗净备用。

❷ 将羊肉切成块，加盐、酱油腌 20 分钟。

❸ 西红柿洗净切片，摆盘；上海青洗净，入沸水烫熟，摆盘。

❹ 锅置火上，入油烧热，倒入羊肉炒香，下入红枣翻炒。

❺ 加适量清水和盐、味精、酱油，继续煮。

❻ 煮至汁水全干时，装盘，淋上香油，撒上香菜即可。

103

嫩滑爽口，佐餐佳肴。

双菇滑嫩鸡

主料：鸡肉400克，小白菜200克，口蘑、香菇各100克。

辅料：植物油30克，盐、鸡精各3克，酱油、料酒各10克，水淀粉15克。

制作过程：

①鸡肉洗净，切块，加盐和料酒拌匀，腌渍。

②小白菜、口蘑、香菇洗净，均切片。

③鸡肉先入沸水中氽烫，去血水。

④锅置火上，入油烧热，下入鸡肉滑炒至变色。

⑤再放入小白菜、口蘑、香菇同炒至熟。

⑥入盐、鸡精、酱油调味，加水淀粉勾芡，起锅装盘即可。

酸辣爽口，诱人食欲。

酸菜米豆腐

主料：酸菜 80 克，米豆腐 250 克。
辅料：植物油 30 克，盐 3 克，味精 2 克，水淀粉、料酒 10 克，辣椒油、葱、红椒各 50 克。
制作过程：

① 酸菜洗净，切碎。
② 米豆腐洗净，切块。

③ 葱洗净，切花；红椒洗净，切末。
④ 锅置火上，入油烧热，入酸菜、红椒末炒香。
⑤ 注入高汤烧开，放入米豆腐煮 20 分钟。
⑥ 调入盐、味精、料酒、辣椒油拌匀，以水淀粉勾芡，起锅装盘，撒上葱花即可。
专家点评：清热败火，美容养颜。

天府酱排骨

菜品特色：色泽红亮，滋味浓郁，诱人食欲。
主料：排骨400克。
辅料：植物油30克，盐3克，料酒10克，酱油、白糖、桂皮、花椒、大料、陈皮各5克。
制作过程：
① 排骨洗净，剁成块。

② 排骨块入沸水中汆烫后捞出，沥干水分。
③ 用桂皮、花椒、大料、陈皮制成调料袋。
④ 锅中加水、酱油、盐、料酒、白糖和调料袋，烧开制成酱汁。
⑤ 下入排骨一同煮。
⑥ 煮至酱汁浓稠时，起锅装盘即可。

五花肉烧茶树菇

菜品特色：麻辣鲜香，久嚼味长。
主料：五花肉150克，鲜茶树菇100克。
辅料：植物油30克，盐3克，料酒10克，白糖、老抽、生抽各5克，豆瓣酱、干红椒、青椒各30克。
制作过程：
① 所有原材料处理干净。
② 锅置火上，入油烧热，放入白糖熬至变色。
③ 再入五花肉翻炒，使五花肉均匀地裹一层糖色。
④ 加盐、老抽、生抽、料酒、豆瓣酱和清水烧开。
⑤ 再入茶树菇、青椒、干红椒同煮至熟。
⑥ 大火收浓汤汁，起锅装盘即可。

麻婆豆腐虾

菜品特色：色泽红亮，滑嫩爽口。

主料：虾仁 100 克，豆腐 300 克。

辅料：植物油 30 克，蒜泥、葱花各 30 克，辣椒油、豆豉、盐各 5 克，鸡精 3 克。

制作过程：

① 虾仁洗净；豆腐洗净切块。

② 炒锅加油烧热，放入蒜泥、豆豉炒香，加入虾仁爆炒，再注入适量清水，倒入豆腐块一起煮开。

③ 调入盐、鸡精、辣椒油，起锅装盘，撒上葱花即可。

大厨献招：虾仁一般都采用滑炒的方式，以保持虾仁的鲜香；虾仁属于易熟食材，烹调时间不宜太长，时间过长也容易影响口感。

乡村煎豆腐

菜品特色：麻辣鲜香，滋味浓郁。

主料：豆腐 400 克，芹菜梗 50 克。

辅料：植物油 30 克，盐 3 克，味精 2 克，酱油 10 克，醋 5 克，红椒 20 克。

制作过程：

① 豆腐洗净，切片；芹菜梗洗净，切段；红椒洗净，切圈。

② 锅置火上，入油烧热，放入豆腐片煎至金黄色，再放入芹菜、红椒炒匀。

③ 注入适量清水，倒入酱油、醋煮开后，调入盐、味精入味，起锅装盘即可。

大厨献招：煎豆腐时要注意掌握好火候。

川东坝坝牛蛙

菜品特色：麻辣鲜香，佐酒佳肴。

主料：牛蛙 200 克，腊肉、香干、蒜薹各 100 克。

辅料：植物油 30 克，盐 3 克，料酒 10 克，胡椒粉、辣椒油、酱油、白醋各 5 克，蒜瓣、青椒段、红椒段各 50 克。

制作过程：

① 所有原材料处理干净。

② 锅置火上，入油烧热，入牛蛙爆炒，放腊肉、香干稍炒，盛出。

③ 锅底留油，入蒜瓣、青椒、红椒、蒜薹炒香，注入清水烧开。

④ 再放入牛蛙、腊肉、香干同煮，调入盐、胡椒粉、白醋、辣椒油、酱油拌匀，起锅装盘即可。

豆腐烧黄颡鱼

菜品特色：滋味浓郁，回味悠长。

主料：黄颡鱼500克，豆腐300克，白萝卜200克。

辅料：植物油30克，盐3克，糖6克，酱油5克，鸡精1克，蚝油3克，红辣椒、青辣椒各50克。

制作过程：

❶ 黄颡鱼治净；青、红辣椒洗净切圈；豆腐洗净，切成长条状；白萝卜洗净切丁。

❷ 锅内倒油烧热，倒入黄颡鱼煎至两面呈金黄色盛盘。

❸ 黄颡鱼摆放在砂锅底部，放上豆腐、白萝卜丁、辣椒，将盐、糖、鸡精、蚝油、酱油、开水调成汁浇在砂锅内，烧20分钟，起锅装盘即可。

鲜花椒鲈鱼

菜品特色：麻辣爽口，香气扑鼻。

主料：鲈鱼400克，鲜花椒50克。

辅料：植物油30克，盐、味精各3克，料酒、生抽、香油各10克。

制作过程：

❶ 鲈鱼处理干净，切片；鲜花椒洗净。

❷ 锅置火上，入油烧热，下鲜花椒炒香，放入鱼片稍炒，注入清水烧开。

❸ 调入盐、味精、料酒、生抽拌匀，淋入香油，起锅装盘即可。

大厨献招：将鱼去鳞剖腹洗净后，放入盆中倒一些料酒，可去除腥味。

大碗酸辣芋粉鳝

菜品特色：柔嫩爽口，滋味浓郁。

主料：鳝鱼、粉丝各200克，青椒、红椒各20克。

辅料：植物油30克，盐4克，姜、蒜、葱各30克，料酒10克，醋、辣椒油各5克，高汤300毫升。

制作过程：

❶ 鳝鱼洗净，切段；青椒、红椒洗净，剁碎；姜、蒜去皮洗净，切末；葱洗净，切花；粉丝温水泡发待用。

❷ 锅置火上，注水烧沸开，将粉丝煮5分钟后装碗。

❸ 锅置火上，入油烧热，下姜、蒜、青椒、红椒爆香，加鳝鱼煸炒。

❹ 调入盐、料酒、醋、辣椒油，倒入适量高汤煮熟，盛于粉丝上，撒上葱花即可。

莴笋烧鳝段

菜品特色：滑嫩爽口，笋香突出。

主料：鳝鱼 500 克，莴笋 200 克。

辅料：植物油 30 克，盐 3 克，酱油、辣椒油、辣椒、蒜头各 20 克。

制作过程：

① 鳝鱼处理干净，去除头尾，切段，加盐、酱油腌 15 分钟。

② 莴笋洗净，去皮，切段；辣椒洗净，切段；蒜头洗净，去皮。

③ 油锅烧热，下入蒜头、辣椒爆香，放鳝鱼炒香，放入莴笋，加水焖 3 分钟。

④ 放盐、酱油、辣椒油炒匀，大火收汁，起锅装盘即可。

太白醉虾

菜品特色：色泽红亮，滋味浓郁，诱人食欲。

主料：虾仁 400 克，莴笋、胡萝卜各 50 克。

辅料：植物油 30 克，野山椒 50 克，盐 3 克，鸡精 1 克，料酒 15 克。

制作过程：

① 虾仁洗净，入沸水中汆烫；莴笋、胡萝卜分别洗净，切条。

② 锅置火上，入油烧至七成热，放入虾仁煸炒，再加入野山椒、莴笋、胡萝卜同炒。

③ 注入适量清水烧煮，调入盐、鸡精、料酒，起锅装盘即可。

大厨献招：加入泡椒，会让此菜更美味。

香辣盆盆虾

菜品特色：色泽红亮，麻辣鲜香。

主料：虾 300 克。

辅料：植物油 30 克，盐 3 克，醋 5 克，蒜 30 克，辣椒油 10 克。

制作过程：

① 虾洗净备用；蒜去皮洗净，切末。

② 锅置火上，入油烧热，下蒜爆香。

③ 放入虾，将虾炸至表皮呈金黄色时，调入盐、醋炒匀。

④ 加适量清水，倒入辣椒油，将虾煮熟，出锅装盘即可。

大厨献招：虾烹饪前要用毛刷刷洗干净，以免有泥沙残留。

富贵鲜虾豆腐

菜品特色：肉香四溢，营养美味。

主料：鲜虾300克，豆腐200克，腊肉100克，白果30克，青椒、红椒各50克。

辅料：植物油30克，盐3克，鸡精2克，料酒10克，辣椒油、泡椒、野山椒各5克。

制作过程：

① 所有原材料处理干净。

② 锅置火上，入油烧热，放入青椒、红椒、泡椒、野山椒、白果炒香。

③ 加入虾肉和腊肉同炒至熟，放入豆腐，注入适量清水煮开。

④ 调入盐、鸡精、辣椒油、料酒调味，起锅装盘即可。

农家豆腐

菜品特色：食材易得，操作简单，美味可口。

主料：豆腐400克，蒜苗30克。

辅料：植物油30克，盐3克，味精2克，酱油15克，红椒30克。

制作过程：

① 豆腐洗净，切块；蒜苗洗净，切片；红椒洗净，切成圈。

② 锅置火上，入油烧热，放入豆腐块煎至金黄色时，放入蒜苗、红椒炒匀。

③ 加入适量清水煮至汁浓时，再加入盐、味精、酱油拌匀调味，起锅装碗即可。

专家点评：美容养颜。

山笋烧肉

菜品特色：肉香四溢，滋味浓郁。

主料：山笋100克，五花肉300克。

辅料：植物油30克，盐3克，姜5克，水淀粉10克，酱油、料酒各15克，糖3克。

制作过程：

① 五花肉洗净切块，加盐、水淀粉腌渍；山笋洗净切片。

② 锅置火上，入油烧热，放姜、酱油、糖炒匀，放入肉块上色，炸至肉呈金黄色时放入山笋、盐、料酒翻炒，再加开水覆过肉。

③ 加盖用中小火炖1个小时，直到肉烂笋香，汤汁黏稠，起锅装盘即可。

黄豆焖猪尾

菜品特色：成色美观，香气扑鼻。

主料：猪尾 350 克，黄豆 150 克。

辅料：植物油 30 克，酱油、料酒各 10 克，盐 3 克，味精 1 克，大蒜、青椒、红椒、葱花各 50 克。

制作过程：

① 猪尾处理干净，斩段，入沸水中汆烫，捞出沥干。

② 黄豆泡发洗净；青椒、红椒分别洗净切圈；大蒜去皮拍松。

③ 锅中注油烧热，下大蒜爆香。

④ 加入猪尾，调入酱油和料酒同炒至变色。

⑤ 加入黄豆、青椒和红椒，稍炒后加入适量水，盖锅焖至猪尾熟烂。

⑥ 加盐和味精调味，撒上葱花，起锅装盘即可。

红烧猪尾

菜品特色：色泽红亮，滋味浓郁，诱人食欲。

主料：猪尾 250 克，熟花生米 50 克。

辅料：植物油 30 克，辣椒油、盐、酱油各 5 克，料酒 10 克，干红椒、青椒、红椒、葱、姜、芹菜段各 30 克。

制作过程：

① 所有原材料处理干净。

② 锅置火上，入油烧热，放入猪尾炸至金黄色，盛出。

③ 锅底留油，放入干红椒、青椒、红椒、姜末、葱段、芹菜炒香，调入盐、酱油、料酒，放入猪尾与熟花生米，加水烧至入味，淋入辣椒油拌匀，起锅装盘即可。

红烧牛筋

菜品特色：麻辣爽口，滋味浓郁，佐酒佳肴。

主料：牛筋 300 克，青椒、红椒各 25 克。

辅料：植物油 30 克，大蒜 10 克，盐 3 克，鸡精 2 克，老抽 10 克。

制作过程：

① 将牛筋洗净，入沸水锅中汆烫至断生，捞出凉凉，切段。

② 青椒、红椒均洗净，切菱形片；大蒜去皮，切片。

③ 锅置火上，入油烧热，下入牛筋爆炒片刻，再加入青椒、红椒、大蒜同炒至熟。

④ 加入盐、鸡精和老抽调味，起锅装盘即可。

专家点评：强筋壮骨。

酱香烧肉

菜品特色：鲜香味美，回味悠长。

主料：猪肉500克，榨菜20克。

辅料：植物油30克，葱、红椒各50克，盐3克，酱油、醋各5克。

制作过程：

1 猪肉处理干净，入沸水中汆烫后，捞出沥干，在表皮打上花刀，抹上一层酱油。

2 榨菜切成末；葱洗净，切成花；红椒去蒂洗净，切成粒。

3 锅置火上，入油烧热，放入猪肉稍微煎一下，加入适量清水，放入榨菜，加盐、醋调味，烧至熟透后装盘，撒上葱花、红椒粒即可。

醋熘辣白菜

菜品特色：酸辣爽口，辣而不燥，非常下饭。

主料：白菜350克，姜片、酱油各5克。

辅料：植物油30克，盐3克，水淀粉、料酒各10克，干红椒段、醋各5克。

制作过程：

1 白菜洗净，取梗切成斜刀片。

2 锅置火上，入油烧热，放入白菜煸至断生，盛出，控干水分。

3 锅底留油，放入干红椒段、姜片炒香，下入白菜翻炒几下，烹入料酒、醋、酱油、盐调味，加入水淀粉勾芡，起锅装盘即可。

排骨烧玉米

菜品特色：成色美观，营养丰富，香气扑鼻。

主料：排骨300克，玉米100克，青椒、红椒各15克。

辅料：植物油30克，盐3克，味精2克，酱油15克，糖10克。

制作过程：

1 排骨洗净，剁成块；玉米洗净，切块；青椒、红椒洗净，切片。

2 锅置火上，入油烧热，放入排骨炒至发白，再放入玉米、红椒、青椒炒匀。

3 注入适量清水，煮至汁干时，放入酱油、糖、盐、味精调味，起锅装盘即可。

老干妈排骨

菜品特色：色泽红亮，麻辣爽口。

主料：排骨500克，青尖椒、红尖椒各50克。

辅料：植物油30克，辣椒酱、老干妈豆豉各15克，葱10克，酱油、盐各3克，鸡精1克。

制作过程：

① 排骨洗净，斩成段，入沸水中氽烫后捞出沥干。

② 葱、青尖椒、红尖椒洗净切碎。

③ 锅倒油烧热，倒入排骨爆香。

④ 然后加入老干妈豆豉翻炒，淋上酱油炒匀。

⑤ 加开水淹平排骨，烧开后转小火烧入味，中途要翻动均匀。

⑥ 烧至快收汁前，放入青尖椒、红尖椒、盐、鸡精拌匀，撒上葱花，起锅装盘即可。

霸王猪蹄

菜品特色：辣而不燥，营养丰富，滋味浓郁。

主料：猪蹄500克，红椒50克。

辅料：植物油30克，花椒15克，盐3克，酱油5克，辣椒油、料酒各10克。

制作过程：

① 猪蹄处理干净，切块，入沸水中氽烫，捞出沥干备用；红椒洗净。

② 锅置火上，入油烧热，入红椒、花椒爆香后，放入猪蹄翻炒一会，加盐、酱油、辣椒油、料酒调味。

③ 加适量清水焖至熟，待汤汁变浓，起锅装盘即可。

小贴示

购买猪蹄时，一定要检查猪蹄是否有局部溃烂现象，以防口蹄疫；烹饪前把毛拔净或刮干净，剁成块，连肉带碎骨一同入锅。

川北蹄花

菜品特色：麻辣适口，使人胃口大开。

主料：猪蹄350克，黄豆80克。

辅料：植物油30克，盐3克，料酒10克，胡椒粉、酱油、麻油、泡红椒、香菜各5克。

制作过程：

① 猪蹄处理干净，切块，入沸水中氽烫后捞出；黄豆泡发洗净；香菜洗净，切碎。

② 锅置火上，入油烧热，入猪蹄、黄豆稍炒，注入适量清水烧开，煮至熟透，加入泡红椒同煮。

③ 调入盐、胡椒粉、酱油、料酒拌匀，收浓汤汁，淋入麻油，撒上香菜，起锅装盘即可。

麻香腰片

菜品特色：麻辣爽口，佐酒佳肴。

主料：猪腰 400 克，干辣椒 50 克。

辅料：植物油 30 克，花椒、盐各 4 克，香油 10 克，鸡汤 300 毫升，香菜、辣椒油各 5 克。

制作过程：

① 将猪腰处理干净切片，入沸水中汆烫；干辣椒洗净切段；香菜洗净，切段。

② 锅置火上，入油烧热，下入干辣椒、花椒、腰片翻炒至熟，下入鸡汤、辣椒油、盐、香油烧滚，撒入香菜，起锅装盘即可。

大厨献招：腰片汆水捞出后不能用凉水冲，可用开水冲净浮沫；烹饪的时候注意火候，一直用大火而不要用中小火。

泡菜豆腐牛柳

菜品特色：酸辣鲜香，滋味浓郁。

主料：牛柳 400 克，豆腐 300 克，泡菜、红椒各 100 克。

辅料：植物油 30 克，花生米 40 克，泡椒 20 克，盐 3 克，鸡精 1 克，豆瓣酱 15 克，芝麻适量。

制作过程：

① 牛柳治净，切片；豆腐洗净，切小方块；泡菜洗净，切碎；红椒洗净，切丁。

② 热锅加油，放入泡菜、豆瓣酱、红椒、花生米、芝麻炒香，注入适量清水煮沸，下入豆腐块和牛柳同煮。

③ 调入盐、鸡精、酱油，起锅装盘。

酸汤肥牛

菜品特色：肥而不腻，香气扑鼻，诱人食欲。

主料：肥牛肉 500 克，青椒、红椒各 50 克。

辅料：植物油 30 克，盐 3 克，姜、蒜各 50 克，泡菜汁、料酒各 10 克。

制作过程：

① 肥牛肉洗净，切薄片；青椒、红椒均去蒂洗净，切圈；姜、蒜均去皮洗净，切末。

② 肥牛肉入沸水中汆烫，捞出沥干水分备用。

③ 锅置火上，入油烧热，下姜、蒜、青椒、红椒炒香。

④ 放入肥牛肉滑炒几分钟，调入盐、料酒、泡菜汁，煮熟，起锅装盘即可。

青花椒仔鸭

菜品特色：辣而不燥，肥而不腻，回味悠长。
主料：仔鸭1只，青花椒50克。
辅料：植物油30克，酱油、盐、味精各3克，料酒10克，高汤300毫升，辣椒、葱段、姜片、辣椒油各50克。
制作过程：

① 仔鸭处理干净，加盐、味精、酱油腌渍30分钟；辣椒洗净切成小片。
② 砂锅置火上，入高汤、仔鸭、葱、姜、料酒，旺火煮开，再小火煨熟，装盘。
③ 锅置火上，入油烧热，下入青花椒炒香，放入盐、味精、辣椒油、辣椒炒匀，淋在仔鸭上即可。

巴蜀醉仙鸡

菜品特色：肉质鲜嫩，滋味浓郁，回味悠长。
主料：鸡500克，红椒10克。
辅料：植物油30克，盐3克，豆豉、蒜苗各30克，啤酒1瓶，五香粉、老抽各5克。
制作过程：

① 鸡处理干净，斩块，放入沸水中汆烫，捞起沥水备用。
② 红椒洗净，切成滚刀块；蒜苗洗净，切段。
③ 锅置火上，入油烧热，放五香粉、豆豉炒香。
④ 加入鸡块炒至入味。
⑤ 调入盐、老抽，放啤酒烧沸。
⑥ 放入红椒、蒜苗段，转小火煨至酥烂，起锅装盘即可。

小煎鸡

菜品特色：成色美观，香气扑鼻。
主料：鸡腿肉200克，莴笋条100克，泡辣椒碎25克。
辅料：植物油30克，盐3克，水淀粉、料酒各10克，酱油、醋、白糖各5克，姜片、葱、蒜片各50克，肉汤50克。
制作过程：

① 鸡肉洗净切条，加盐、水淀粉拌匀。
② 葱切成马耳朵形；酱油、醋、白糖、肉汤、水淀粉兑成汁。
③ 锅置火上，入油烧至七成热，放入鸡肉炒散至发白。
④ 加入泡辣椒、姜、蒜、料酒，继续翻炒几下，再加莴笋、葱炒匀，烹入芡汁，推转收汁后即成。

怪味带鱼

菜品特色：鲜香细嫩，口味独特。
主料：生菜350克，带鱼500克。
辅料：植物油30克，料酒10克，酱油5克，盐2克，糖75克，辣椒粉7克，花椒粉2克，熟白芝麻10克。
制作过程：
1 带鱼洗净沥干切成段；生菜洗净铺盘。
2 带鱼加盐、料酒腌渍入味。
3 锅置火上，入油烧热，放入带鱼炸香，捞出沥干油。
4 锅中加水、糖、酱油、盐、料酒煮至浓稠，再倒入带鱼，加入辣椒粉、花椒粉，炒匀，撒上熟白芝麻，起锅装盘即可。

泡菜鲫鱼

菜品特色：鲜香细嫩，肥而不腻，口味独特。
主料：鲫鱼500克，泡仔姜、泡红辣椒、酸菜各30克。
辅料：植物油30克，水淀粉10克，葱花、醪糟汁各5克，肉汤300毫升。
制作过程：
1 鲫鱼处理干净，身两面各剖3刀。
2 酸菜沥干水分，切成细丝；泡红辣椒切圈，泡仔姜切成粒。
3 锅置火上，入油烧热，放入鱼煎炸至呈黄色捞出。
4 锅底留油，入泡红椒、泡仔姜、葱花、醪糟汁炒香，再入肉汤，放入鱼，入酸菜同煮，盛盘，用水淀粉勾薄芡，浇在鱼身上。

川江鳙鱼

菜品特色：麻辣鲜香，滑嫩适口，滋味浓郁。
主料：鳙鱼500克，青椒、红椒各30克。
辅料：植物油30克，盐3克，味精1克，醋8克，酱油15克。
制作过程：
1 鳙鱼处理干净，切片；青椒、红椒洗净，切圈。
2 锅置火上，入油烧热，放入鳙鱼滑炒，注水，并加入盐、醋、酱油焖煮。
3 放入青椒、红椒煮至熟后，加入味精调味，起锅装盘即可。
专家点评：暖胃补虚

麻辣鲢鱼

菜品特色：麻辣鲜香，口味独特。

主料：鲢鱼 500 克。

辅料：植物油 30 克，盐 4 克，味精 2 克，酱油 15 克，辣椒油 20 克，醋 10 克，干辣椒 20 克，大蒜 15 克，蒜苗、香菜各 10 克。

制作过程：

①鲢鱼处理干净，干辣椒、蒜苗、香菜洗净，切段备用。

②锅置火上，入油烧热，下干辣椒炒香，放入鱼块翻炒至变色，注入适量清水煮至水开。

③再放入大蒜、蒜苗煮至鱼肉断生，倒入酱油、辣椒油、醋煮开，调入盐、味精拌匀，撒上香菜，起锅装盘即可。

蜀南香辣蟹

菜品特色：鲜香细嫩，辣而不燥，口味独特。

主料：螃蟹 500 克。

辅料：植物油 30 克，盐 3 克，味精 2 克，酱油 12 克，醋 5 克，料酒 10 克，姜、香菜各 30 克。

制作过程：

①螃蟹处理干净；香菜洗净，切末；姜洗净，切末。

②锅置火上，入油烧热，下姜末炒香，放入螃蟹稍炒后，注入适量清水焖煮。

③再倒入酱油、醋、料酒煮至熟后，加入盐、味精调味，撒上香菜，起锅装盘即可。

小窍门

吃螃蟹一般是用手拿着吃，食后手上有很浓的腥味，这时可在手心中滴上少许烧酒，两手互相磨擦，再用清水冲洗，腥味就会消失。

川味乌江鱼

菜品特色：麻辣鲜香，滋味浓郁，回味悠长。

主料：乌江鱼 400 克，花生米、松仁、芹菜各 30 克。

辅料：植物油 30 克，盐 3 克，辣椒油、料酒各 10 克，青椒、红椒、泡红椒、花椒粒、辣椒酱、大蒜、姜末各 5 克。

制作过程：

①乌江鱼处理干净。

②锅置火上，入油烧热，入青椒、红椒、花椒粒、花生米、松仁、辣椒酱、蒜片、姜末炒香。

③下入鱼块炸香。

④注入适量清水烧开，放入芹菜、泡红椒同煮，调入盐、料酒拌匀。

⑤淋入辣椒油，起锅装盘即可。

肥而不腻，嫩而不糜，咸甜适口，回味无穷。

粉蒸肉

主料：五花肉 500 克，青豆 50 克，大米粉 75 克。
辅料：植物油 30 克，盐 3 克，腐乳汁、醪糟汁、豆瓣酱各 15 克，汤 300 毫升，花椒、姜、葱、酱油各 5 克，白糖、糖色各 10 克。
制作过程：

① 青豆淘洗干净，滤干。
② 葱、姜、蒜剁成细末。
③ 猪肉刮洗干净，切成夹刀片。
④ 将肉片皮向下逐片放入碗底，摆整齐。
⑤ 酱油、腐乳汁、醪糟汁、白糖、盐、葱姜末、花椒末、豆瓣酱、糖色放进深碟中拌匀。
⑥ 把青豆倒进步骤 4 中的汤汁里，将汤汁倒入肉片中。

⑦ 再将肉碗中放入大米粉，加入少许汤搅拌均匀。
⑧ 肉碗上笼隔水蒸约 2 小时，扣进碟中即可。

品菜说典
粉蒸肉的来历

明末，崇祯皇帝微服南巡时来到了郑韩一带，在一次郊游时，来到封后岭，天色已晚，加上腹中饥渴，天黑店远，无法回店，于是便投宿在一家丁姓农夫的小店。善良的丁氏夫妇非常好客，把家中准备过年才吃的扣碗肉拿出来，经过加工送于崇祯皇帝进食。崇祯食后大悦，当得知这是丁氏祖传的粉蒸肉时，更是留恋刚才的味道，甜中带咸，甜而不腻，回味无穷。

随后，崇祯将自己的身份告诉了丁氏夫妇，并奉丁厨为御厨，带其一起进宫，从此丁氏粉蒸肉流传至今。

外形美观，甜香肥糯。

甜烧白

主料：带皮猪肉肥膘肉 400 克，洗沙馅 150 克，糯米 200 克。

辅料：猪油 30 克，红糖、白糖各 10 克。

制作过程：

① 猪肥膘肉洗净、去毛，入锅内煮熟后捞出。

② 趁热在猪皮上抹上红糖上色。

③ 冷却后用刀切成夹刀片。

④ 糯米淘洗干净，倒入开水煮至无硬心，捞出；沥干米汤，拌上猪油和红糖。

⑤ 将糯米、猪肉和红糖趁热搅拌均匀。

⑥ 在肉片中逐一酿入洗沙馅，压扁。

⑦ 再把肉片逐片朝下摆在蒸碗中。

⑧ 肉片周围铺上煮熟的糯米饭，入蒸笼 2 小时至肉软。上桌时将碗翻扣于圆盘内，上面撒白糖即可。

大厨献招：糯米要先用开水煮至半熟，再装碗；夹刀片不要切得太厚，以便于烹制和食用。

酥嫩爽滑，清新爽口，用来佐餐或当零食皆可。

凉粉鲫鱼

菜品特色：

主料：鲫鱼2条，凉粉80克。

辅料：植物油30克，盐、味精各3克，香油、生抽各5克，葱段、姜丝、辣椒油、葱花各30克。

制作过程：

① 鲫鱼处理干净，加盐、味精、生抽腌渍15分钟。

② 凉粉洗净，切条。

③ 将切好的凉粉条入沸水中汆烫后捞出，沥干水分，备用。

④ 将葱段、姜丝塞入鱼肚子中，把鲫鱼盛入盘中，上面放上凉粉，入锅中蒸熟。

⑤ 锅置火上，入油烧热，入香油、辣椒油、盐、味精调匀，即成味汁。

⑥ 将味汁淋在凉粉鲫鱼上，撒上葱花即可。

小贴士

鲫鱼要买身体扁平、颜色偏白的，肉质会很嫩。

色泽红亮，麻辣鲜香。

天府多味虾

主料：虾500克，青椒、红椒各50克。

辅料：植物油30克，盐3克，白芝麻5克，花生米10克，醋、姜、蒜各5克，辣椒油、淀粉各20克。

制作过程：

① 虾处理干净。

② 青椒、红椒均去蒂洗净，切圈。

③ 蒜去皮洗净，切末。

④ 姜去皮洗净，切末。

⑤ 将虾摆好盘放入蒸锅，蒸熟后取出。

⑥ 锅置火上，入油烧热，下姜、蒜、白芝麻、花生米炒香。

⑦ 放入青椒、红椒略炒，调入盐、辣椒油、醋、淀粉炒匀。

⑧ 将味料均匀地淋在虾上即可。

汤汁咸淳，鸡肝嫩滑，滋味浓郁。

番茄鸡肝汤

主料: 鲜鸡肝400克，番茄200克，鸡蛋清100克。
辅料: 盐3克，味精2克，酱油、胡椒粉各5克，绍酒、干豆粉各15克，汤适量。
制作过程:
1 番茄去皮、去瓤，一分为二，切片备用。
2 蛋清加干豆粉调成蛋清豆粉，备用。
3 鸡肝去胆，洗净，切成厚片。
4 鸡肝加盐、绍酒、蛋清豆粉搅拌均匀。
5 锅置火上，注入汤适量烧开，下番茄、盐、酱油、绍酒、胡椒粉煮几分钟。
6 再放入鸡肝滑散，待汤再开时，加味精调味，起锅装盘即可。

大厨献招: 片是常用的一种刀法，要求菜刀要薄（片刀最好），菜板要平。在片之前，将原料平放在菜板的边上（靠刀口那边），用左手（一般用手指的前半部分）将原料按稳但又不要用力过大（只要片起来不移动就行）。用刀时，刀要打横，同原料平行，刀口略向下。

豆腐软嫩，汤汁鲜浓。

鲜蘑豆腐汤

主料：鲜蘑菇100克，豆腐50克。

辅料：色拉油30克，盐3克，味精2克，花椒、川椒、香油、老醋各5克，葱、姜、蒜、香菜各30克。

制作过程：

① 鲜蘑菇处理干净，撕成条。

② 豆腐洗净切条。

③ 香菜洗净，切成末。

④ 锅置火上，入油烧热，下葱、姜、花椒、川椒爆香。

⑤ 放入鲜蘑菇煸炒片刻。

⑥ 倒入水烧沸，然后放入豆腐条。

⑦ 调入盐、味精、老醋烧沸，淋入香油。

⑧ 最后撒上香菜末，起锅装盘即可。

酸味浓郁，增进食欲。

米椒酸汤鸡

主料：鸡肉 300 克，酸笋 150 克，米椒 40 克，红椒 15 克，蒜末、姜片、葱白各少许。

辅料：盐 5 克，鸡粉 3 克，辣椒油、白醋、生抽、料酒各适量。

制作过程：

① 米椒切碎；酸笋切片；红椒切圈；鸡肉斩块。

② 锅中加清水，大火烧开，倒入笋片拌匀，煮沸后捞出。

③ 锅留底油，烧热，加入酸笋拌炒均匀。

④ 倒入姜片、葱白、蒜末，爆香。

⑤ 倒入鸡块翻炒，淋入适量料酒。

⑥ 再放入米椒、红椒圈一起炒。

⑦ 加适量清水、辣椒油、白醋、盐、鸡粉、生抽。

⑧ 加盖，中火焖煮约 10 分钟，盛出装盘即可。

笋干老鸭汤

菜品特色：肥而不腻，柔中带韧，汤汁香醇。

主料：鸭1只，笋干300克，腊肉50克。

辅料：植物油30克，盐3克，姜、蒜各30克，高汤适量。

制作过程：

1 鸭处理干净备用。

2 笋干洗净，切条状。

3 腊肉洗净，切片。

4 姜、蒜均去皮洗净，切片。

5 锅置火上，入油烧热，下姜片、蒜片爆香。

6 注入高汤，放入鸭、腊肉、笋干，炖熟。

7 加盐再煮5分钟后出锅即可。

大厨献招：选用肌肉新鲜、脂肪有光泽的鸭肉，口感更好。

酸辣鱼汤

菜品特色：鱼肉嫩滑，酸辣爽口，滋味浓郁。

主料：鱼1条。

辅料：植物油30克，盐3克，姜、红辣椒各30克，泡菜汁、料酒15克，酱油5克

制作过程：

1 鱼处理干净，加盐腌15分钟备用。

2 辣椒去蒂洗净，切丝；姜去皮洗净，切末。

3 锅置火上，入油烧热，放入鱼，煎至表皮变黄。

4 加入盐、料酒、酱油、泡菜汁及适量清水，放入红辣椒，煮熟出锅即可。

大厨献招：可适量放些花椒，以去腥；做鱼汤时须用凉水，并且要一次把水加足，如中途再加水，会冲淡原汁的鲜味。

重庆水煮鱼

菜品特色： 麻辣鲜香，肉质鲜嫩，滋味浓郁。
主料： 鱼 900 克，白菜 300 克。
辅料： 植物油 30 克，盐 4 克，味精 1 克，酱油 10 克，醋 8 克，干辣椒 30 克，葱、花椒各 50 克。
制作过程：
❶ 鱼留头处理干净，切片；干辣椒洗净，切段；

葱洗净，切花；白菜洗净，切片。
❷ 锅中注水，放入鱼片，用大火煮沸，再放入干辣椒、白菜、花椒一起焖煮。
❸ 再倒入酱油、醋煮至熟后，加入盐、味精调味，起锅装盘，撒上葱花，起锅装盘即可。

上汤豆苗

菜品特色： 汤汁鲜醇，滋味浓郁，香气四溢。
主料： 豌豆苗 250 克，香菇 50 克，豆腐 100 克。
辅料： 植物油 30 克，盐 5 克，味精 3 克，香油 5 克，高汤适量。
制作过程：
❶ 豌豆苗洗净；香菇洗净，泡发，切丁；豆腐洗净，切成小块。
❷ 锅置火上，放入高汤、香菇煮沸，再加入豆腐、豌豆苗煮 10 分钟。
❸ 加入盐、味精、香油调味，再煮沸，起锅装盘即可。
大厨献招： 豌豆苗较为鲜嫩，不宜久炒、久炖，要大火快炒或入水稍焯即可。

辣酒煮闸蟹

菜品特色：麻辣鲜香，酒香突出，口味独特。

主料：大闸蟹2只。

辅料：植物油30克，干辣椒20克，枸杞10克，盐5克，料酒30克，酱油10克，葱30克，姜20克，蒜15克。

制作过程：

① 将蟹洗净，斩块，蟹脚拍松；枸杞泡水；葱洗净切花；姜、蒜洗净去皮，切末。

② 料酒倒入锅中，加入酱油，放入蟹、干辣椒、枸杞煮6分钟。

③ 加入葱、姜、蒜小火煮4分钟，调入盐，起锅装盘即可。

白果椒麻子鸡

菜品特色：肉质鲜嫩，麻辣爽口，回味悠长。

主料：子鸡500克，白果100克，泡椒50克，青椒、青花椒各30克。

辅料：植物油30克，盐、鸡精各3克，料酒10克，辣椒油15克。

制作过程：

① 子鸡处理干净，切块；白果、泡椒、青花椒洗净；青椒洗净，切块，入沸水中汆烫后捞起沥干水分，加盐和料酒腌渍。

② 锅置火上，入油烧热，放入泡椒、青花椒炒香，加入子鸡块翻炒，再放入青椒和白果同炒，加适量清水、盐、辣椒油炖煮20分钟，最后放入鸡精，起锅装盘即可。

川椒红油鸡

菜品特色：麻辣鲜香，肉质鲜嫩，滋味浓郁。

主料：鸡肉400克，红辣椒30克。

辅料：植物油30克，葱5克，盐3克，辣椒油20克，花椒15克，酱油10克。

制作过程：

① 鸡肉处理干净；红辣椒和葱分别洗净切碎；花椒洗净备用。

② 锅置火上，注水烧开，下入鸡肉煮至熟后，捞出切成块。

③ 净锅置火上，入油烧热，下入红辣椒和花椒炒香。

④ 再加入盐、酱油、葱花和辣椒油，放入鸡肉稍煮至入味即可。

巴蜀香煮鲈鱼

菜品特色：麻辣鲜香，肉质嫩滑，滋味浓郁。

主料：鲈鱼400克。

辅料：植物油30克，盐3克，味精2克，香油、胡椒粉各5克，料酒、水淀粉各15克，青椒、红椒各30克。

制作过程：

❶鲈鱼处理干净，取鱼肉切片，加盐、味精、料酒、水淀粉腌渍。

❷青、红椒均洗净，切小段。

❸锅置火上，入油烧热，放入青、红椒炒香，入鱼头、鱼尾稍炸，注入清水烧开。

❹放入鱼片煮熟，调入盐、胡椒粉，淋入香油拌匀，起锅装盘即可。

南瓜百合捞

菜品特色：香甜味美，滋味浓郁。

主料：南瓜400克，鲜百合100克。

辅料：植物油30克，盐4克，鸡精2克，糖5克。

制作过程：

❶南瓜去皮洗净，切厚片；百合洗净，掰成片，沥干备用。

❷锅置火上，入油烧热，下入南瓜和百合同炒，注入适量清水煮至南瓜熟烂。

❸调入盐、鸡精和糖调味，起锅装盘即可。

大厨献招：加入适量冰糖，会让此菜更美味。

小贴士

南瓜切开后再保存，容易从心部变质，所以最好用汤匙把内部掏空再用保鲜膜包好，这样放入冰箱冷藏可以存放5天～6天。

乡村炖土豆

菜品特色：口感柔软，美味营养。

主料：土豆400克，芹菜100克。

辅料：植物油30克，盐3克，味精2克，酱油5克，红椒30克，白醋、辣椒油适量。

制作过程：

❶土豆去皮洗净，切丝；红椒、芹菜均洗净，切碎。

❷油锅烧热，入土豆丝、芹菜、红椒同炒片刻，注入适量清水烧开。

❸续炖至熟，调入盐、味精、白醋、酱油、辣椒油拌匀，起锅装盘即可。

大厨献招：土豆切丝后最好放入清水浸泡一会儿，口感更佳。

酥肉豆芽汤

菜品特色：汤汁香醇，味美醇厚。
主料：五花肉200克，豆芽50克。
辅料：植物油30克，盐3克，淀粉20克，花椒粉、胡椒粉各5克，红椒丝10克，鸡蛋液100克。
制作过程：

①豆芽洗净；淀粉、鸡蛋液加适量清水调成淀粉糊备用。
②五花肉洗净，切块，加盐、淀粉糊裹匀。
③锅置火上，入油烧热，放入裹好的五花肉炸至酥脆后捞出。
④锅置火上，入油烧热，注入适量清水烧开，放入炸好的酥肉，再入豆芽、红椒丝同煮片刻，调入花椒粉、胡椒粉拌匀，起锅装盘即可。

豆芽肉丸汤

菜品特色：汤汁鲜醇，肉质嫩滑，滋味浓郁。
主料：肉丸100克，豆芽80克。
辅料：植物油30克，盐3克，味精1克，胡椒粉5克，香菜10克。
制作过程：

①肉丸洗净，切成片；豆芽洗净，沥干；香菜洗净，切碎。
②锅置火上，入油烧热，注入适量清水烧开，放入肉丸煮片刻，再入豆芽同煮。
③调入盐、味精、胡椒粉拌匀，撒上香菜，起锅装盘即可。
大厨献招：若用绿豆芽，稍煮一下就可。

香菜肉丸汤

菜品特色：汤汁鲜醇，肥而不腻，诱人食欲。
主料：肉丸200克，香菜20克。
辅料：植物油30克，盐3克，胡椒粉5克。
制作过程：

①肉丸洗净；香菜洗净，切段。
②锅置火上，入油烧热，注入适量清水烧开，放入肉丸煮至熟。
③调入盐、胡椒粉拌匀，撒上香菜，起锅装盘即可。
大厨献招：香菜在汤即将煮熟时放入，可保持其香味。

小贴士
腐烂、发黄的香菜不要食用，因为这样的香菜已经没有了香气，而且可能会产生毒素。

麻辣鲜香，滋味浓郁。

干锅驴三鲜

主料：驴肉、驴皮、驴鞭各 400 克。
辅料：植物油 30 克，盐、鸡精各 3 克，酱油 5 克，青椒、红椒、大蒜、辣椒油各 20 克。
制作过程：
① 驴肉、驴皮、驴鞭处理干净，切小块。
② 将驴肉、驴皮、驴鞭放入沸水中汆烫，捞出沥

干水分备用。
③ 青椒、红椒去蒂，洗净，切段；大蒜去皮，洗净。
④ 锅置火上，入油烧热，下入大蒜、青椒、红椒炒香。
⑤ 再放入驴三鲜煸炒至熟。
⑥ 调入盐、鸡精、酱油、辣椒油炒匀，装盘即可。

成色红亮，肉质鲜美，柔中带韧，诱人胃口。

红汤砂锅肥牛

主料：肥牛肉400克，泡红辣椒50克，青辣椒50克，干香菇35克。

辅料：植物油30克，鸡蛋1个，郫县豆瓣酱35克，姜丝、蒜片、料酒各15克，盐3克，胡椒粉2克，色拉油75克，汤300克。

制作过程：

①肥牛肉洗净，切成0.3厘米厚的片，放入盆中，加入料酒、盐、胡椒粉拌匀码味。

②干香菇用温水泡发好，洗净，入沸水锅中余烫至熟，捞出切成丝。

③郫县豆瓣酱剁成蓉；泡红辣椒和青辣椒切成丝。

④锅置火上，入油烧至五成热，下入郫县豆瓣酱、葱段、姜丝和蒜片炒香，倒入砂锅中，加汤烧开。

⑤下入牛肉片煮熟，上面均匀地摆上泡红辣椒丝、青辣椒丝、香菇丝和葱丝。

⑥另取锅，将鸡蛋煮成荷包蛋，放在砂锅菜上面即成。

麻辣排骨香锅

菜品特色：麻辣鲜香，酥脆爽口，佐餐佳肴。
主料：排骨400克，干辣椒100克，青椒、泡豆角、豆腐皮、莲藕各50克。
辅料：植物油30克，盐4克，鸡精2克，酱油10克。
制作过程：
① 排骨处理干净，斩段，入沸水中汆烫后捞出，沥干水分，备用。
② 锅置火上，入油烧热，下入排骨炸至表面呈金黄色，捞出沥油。
③ 锅底留油，放入干辣椒、泡豆角、莲藕、豆腐皮同炒，再放入排骨爆炒，加适量清水小火焖煮至熟。
④ 最后调入盐、鸡精、酱油调味，起锅装盘即可。

砂锅百叶结

菜品特色：肉香四溢，柔中带韧，诱人胃口。
主料：百叶结300克，五花肉200克。
辅料：植物油30克，盐3克，姜片5克，料酒、酱油各15克，水淀粉10克，葱段、红椒各50克。
制作过程：
① 百叶结洗净备用；五花肉洗净切片备用。
② 肉片加盐、水淀粉腌渍备用。
③ 锅置火上，入油烧热，入姜片爆香。
④ 放入肉片煎至出油，再放入百叶结，加入酱油、料酒、盐翻炒均匀。
⑤ 加入少许清水，加盖，大火烧开焖5分钟至收汁，放入红椒、葱段略翻炒，起锅装盘即可。

砂锅手撕花菜

菜品特色：辣而不燥，美味营养，滋味浓郁。
主料：花菜500克，红辣椒20克，五花肉100克。
辅料：植物油30克，盐3克，鸡精2克，葱、姜、蒜各30克，酱油、醋各5克。
制作过程：
① 花菜洗净，撕成块；红辣椒洗净，切圈；五花肉洗净，切片；姜、蒜均去皮洗净，切末；葱洗净，切段。
② 锅置火上，入油烧热，下姜、蒜、红辣椒炒香。
③ 放入五花肉煎出油，倒入花菜一起翻炒。
④ 调入盐、酱油、醋、鸡精炒入味，起锅前放入葱段略炒，盛入砂锅即可。

香锅带鱼

菜品特色：麻辣鲜香，辣而不燥，滋味浓郁，回味悠长。

主料：带鱼600克，干辣椒50克。

辅料：植物油30克，盐3克，味精2克，酱油10克，料酒15克。

制作过程：

① 带鱼处理干净，切块；干辣椒洗净，切段。

② 锅置火上，入油烧热，放入鱼块煎至金黄色，再放入干辣椒炒匀。

③ 倒入酱油、料酒炒至断生，调入盐、味精拌匀入味，起锅装盘即可。

大厨献招：干辣椒用油爆一下，味道更好。

滋补乌鸡火锅

菜品特色：肉质鲜美，营养美味，香气扑鼻。

主料：薏米200克，白芨20克，沙参、红枣、枸杞各30克，乌骨鸡300克，莲子、腐竹、午餐肉、青菜、蘑菇各80克。

辅料：植物油30克，姜片、蒜片各5克，白汤1200毫升，胡椒粉10克，料酒20克。

制作过程：

① 薏米淘净；午餐肉切片；乌骨鸡洗净，改刀装盘。

② 锅置火上，入油烧热，放姜片、蒜片、乌骨鸡炒香，倒入白汤，加料酒、胡椒粉、薏米、白芨、红枣、枸杞、沙参、莲子、烧沸，撇去浮沫，倒入火锅即可。

乳鸽火锅

菜品特色：成色美观，肉质鲜美，柔中带韧。

主料：乳鸽400克，豆苗、午餐肉、金针菇、红枣各200克。

辅料：植物油30克，盐5克，味精3克，姜30克，鲜汤适量。

制作过程：

① 乳鸽洗净改刀备用，午餐肉切片；豆苗、金针菇洗净备用。

② 锅置火上，加油烧热，下入乳鸽块炒至干身，倒入鲜汤，下入红枣煮沸；将烧好的乳鸽及汤倒于火锅中，再调入调味料，其他备好的原料分盘上桌供涮食。

猪蹄筋火锅

菜品特色：麻辣爽口，柔中带韧，令人胃口大开。
主料：猪蹄筋 500 克，蕨菜 200 克，油豆腐、毛肚各 400 克。
辅料：植物油 30 克，干椒、盐、味精、辣椒油、鲜汤各适量。
制作过程：
① 猪蹄筋处理干净，改刀，装盘。
② 锅置火上，入辣椒油烧热，下入干椒炒出香味后，倒入鲜汤，下入猪蹄筋煮沸，倒入火锅中调入盐、味精。
③ 配菜置于旁边涮食，即可。

三味火锅

菜品特色：成色美观，滋味浓郁，回味悠长。
主料：虾、蟹、墨鱼、鱿鱼、马蹄、豆腐、茼蒿各 400 克。
辅料：牛油 30 克，辣椒油 50 克，盐 5 克，味精 2 克，胡椒粉、料酒、豆瓣酱、麻油、姜、蒜各 30 克，清汤适量。
制作过程：
① 虾、蟹、墨鱼、鱿鱼、马蹄、豆腐处理干净，改刀装盘。
② 清汤加马蹄煲成火锅汤底，加调味料调味，其余配菜在旁边烫食即可。
大厨献招：选用无黏液、无异味的墨鱼，味道更佳。

菌汤滋补火锅

菜品特色：汤汁醇鲜，营养美味，滋味浓郁。
主料：肉丸、饺子、蟹柳、炸腐竹、海带丝、带鱼、猪脑、葱花、冬瓜、蒜蓉、泡菜、墨鱼仔各 300 克。
辅料：A：野山菌、牛肝菌、竹荪、盐各适量；
B：党参、红枣、枸杞、猪骨汤、鸡肉、西红柿片、桂圆肉、香油各适量。
制作过程：
① 肉丸、带鱼、猪脑、墨鱼仔分别洗净、改刀，入碟，摆在火锅周围。
② 调味料 A 混合，加水熬煮成菌汤；调味料 B 混合，熬煮成滋补汤。再将二者分别倒入火锅中。
③ 食用时将各原材料放入火锅中烫熟即可。

干锅白菜梗

菜品特色：辣而不燥，营养美味。
主料：白菜梗400克，干贝50克。
辅料：植物油30克，盐3克，酱油5克，干红椒、蒜苗各30克。
制作过程：

① 将白菜梗洗净，切块；干红椒洗净，切段；蒜苗洗净，切小段；干贝泡发洗净，撕成丝。

② 锅置火上，入油烧热，入干红椒炒香，放入白菜梗、干贝丝同炒，调入盐、酱油拌匀。

③ 加入适量清水烧开，放入蒜苗，装入干锅即可。

小贴士

选购白菜时，菜身干洁、菜心结实、老帮少、形状圆整、菜头包紧的为上品。

干锅酸笋鸡

菜品特色：肉质鲜美，麻辣爽口，非常下饭。
主料：鸡肉400克、酸笋100克。
辅料：植物油30克，干辣椒10克，盐5克，鸡精3克，葱花、料酒各20克，高汤适量。
制作过程：

① 将鸡处理干净，切成块，抹上盐，用料酒腌渍10分钟。

② 酸笋洗净，切片。

③ 锅置火上，入油烧热，下入腌渍好的鸡肉及干辣椒等配料，炒至半熟，加入酸笋同炒，炒至酸笋软熟，加入高汤一起烹饪，炒至高汤收干即可。

川味干锅凤翅

菜品特色：麻辣鲜香，柔中带韧，诱人胃口。
主料：鸡翅400克，青椒、红椒各50克。
辅料：植物油30克，干辣椒100克，蒜苗50克，盐3克，鸡精1克，料酒10克。
制作过程：

① 鸡翅洗净切块，加盐和料酒腌渍。

② 青椒、红椒洗净，切片；蒜苗、干辣椒均洗净，切段。

③ 锅加油烧热，放入鸡翅煸炒至八成熟，捞出沥油。

④ 锅底留油，放入干辣椒、青椒、红椒炒香，加入鸡翅爆炒，调入盐、鸡精、料酒调味，放入蒜苗略炒，放入干锅上桌即可。

干锅小羊排

菜品特色：肉质鲜美，口味独特。

主料：羊排 500 克，胡萝卜 50 克。

辅料：植物油 30 克，盐、鸡精各 3 克，老抽 5 克，蒜苗、淀粉各 30 克。

制作过程：

1 将羊排洗净，剁成小段，入沸水锅汆去血水，再用淀粉拌匀。

2 胡萝卜洗净，切条；蒜苗洗净切段。

3 锅置火上，入油烧热，下入羊排翻炒，加入少许水焖熟，待水收干后再放油，下入胡萝卜、蒜苗炒熟。

4 加入盐、鸡精，淋上老抽，起锅装盘即可。

干锅双笋

菜品特色：麻辣爽口，非常下饭。

主料：竹笋、莴笋各 200 克，干辣椒 100 克，豆豉 50 克，火腿 50 克。

辅料：植物油 30 克，蒜苗 20 克，盐 3 克，鸡精 2 克，辣椒酱、辣椒油各 10 克。

制作过程：

1 竹笋洗净，切段；莴笋洗净，切条；干辣椒洗净，切段；蒜苗洗净，切段；火腿切条。

2 炒锅注油烧热，放入干辣椒、豆豉、蒜苗炒香，加入火腿、竹笋、莴笋爆炒。

3 调入盐、鸡精、辣椒油、辣椒酱，起锅装盘即可。

干丝锅钵

菜品特色：麻辣适口，香气四溢，诱人胃口。

主料：豆腐皮 200 克，胡萝卜 100 克，虾仁 50 克。

辅料：植物油 30 克，盐 3 克，姜 3 克，香油 5 克，鸡精 2 克，鸡汤适量。

制作过程：

1 豆腐皮洗净，切丝；胡萝卜洗净，切丝；虾仁洗净，用水泡发备用；姜去皮，洗净切丝。

2 锅置火上，入油烧热，放入姜丝爆香。

3 下入胡萝卜丝翻炒片刻，再放进豆腐皮稍炒，盛入砂锅，加鸡汤煮开。

4 放入盐、鸡精、虾仁煮熟，淋上香油，起锅装盘即可。

麻辣爽口，口感独特，令人胃口大开。

鱼鳞凉粉

菜品特色：

主料：鱼鳞 200 克。

辅料：植物油 30 克，盐 3 克，鸡精 2 克，熟芝麻、番茄酱各 5 克，辣椒酱、辣椒油各 10 克。

制作过程：

① 鱼鳞漂洗沥干，放进高压锅，加醋去腥味。

② 加适量清水煮 30 分钟，直到鱼鳞变白、卷曲，汤呈糊状。

③ 将鳞片及杂质捞出，液体倒入容器中冷凝成冻状，即成鱼鳞凉粉。

④ 将盐、鸡精、辣椒油、辣椒酱、番茄酱调成味汁。

⑤ 将味汁淋在鱼鳞凉粉上。

⑥ 最后撒上熟芝麻，拌匀即可。

皮薄馅嫩，滋味浓郁，诱人胃口。

酸汤水饺

主料：饺子皮 200 克，猪肉 400 克。
辅料：姜、蒜各 20 克，葱花、泡菜汁、辣椒油各 20 克，盐 3 克，醋 5 克。
制作过程：
① 姜、蒜均去皮洗净，切末；葱花洗净切末。
② 猪肉洗净剁蓉。
③ 肉馅内加入葱末、姜末和蒜末剁匀。

④ 将肉馅盛入碗中，加盐调味。
⑤ 取皮坯一张，把馅置于其中。
⑥ 对叠成半月形，用力捏合即可，将肉馅包完备用。
⑦ 锅置火上，注水煮沸，放入水饺，大火煮熟，盛于碗中。
⑧ 调入泡菜汁、辣椒油、醋，撒上葱花，搅拌均匀，起锅装盘即可。

汤汁香醇鲜美，面条柔韧爽滑，营养丰富。

老汤西红柿牛腩面

主料：牛腩 100 克，西红柿 80 克，面条 300 克，油菜 50 克。

辅料：植物油 30 克，盐 3 克，鸡精 1 克，酱油 4 克，蒜泥、番茄酱、葱花各 20 克。

制作过程：

①牛腩洗净切块，入沸水中汆烫，沥干。
②西红柿洗净切片。
③油菜洗净，放入锅中与面条同煮。
④煮熟后，捞出装碗。
⑤锅置火上，入油烧热，放入蒜泥炒香。
⑥再加牛腩同炒，注入清水煮开。
⑦放入西红柿和番茄酱同煮，放入盐、鸡精、酱油调味。
⑧起锅倒在面条上，撒上葱花即可。

川味花卷

菜品特色：柔软香嫩，香气四溢。

主料：面团 200 克。

辅料：植物油 30 克，盐 3 克，辣椒粉 15 克。

制作过程：

①面团揉匀，擀成薄片，撒上辣椒粉、盐抹匀，按平。

②从两边向中间折起形成三层的饼状，按平，切成大小均匀的段。

③取 2 个叠放在一起，用筷子从中间压下，拿起，右手用筷子顶住中间，左手捏住两头，旋转一周，捏紧剂口，即成花卷生坯。

④醒 15 分钟，入锅蒸熟即可。

红薯饼

菜品特色：柔软可口，甜而不腻，口感香甜。

主料：红薯 150 克，糯米粉 50 克。

辅料：色拉油 30 克，白糖 25 克，吉士粉 20 克，芝麻 25 克。

制作过程：

①将红薯去皮蒸熟成泥。

②成泥的红薯粉加上糯米粉、白糖、吉士粉、芝麻做成小饼状。

③色拉油烧至四成油温，把饼下锅炸黄，起锅装盘即可。

大厨献招：炸红薯饼的油温不宜过高。

川府大肉饼

菜品特色：口感软嫩，肉香突出。

主料：面粉 200 克，五花肉 100 克。

辅料：植物油 30 克，盐 2 克，酱油 15 克，葱、姜各 20 克。

制作过程：

①五花肉洗净，切末；葱、姜均洗净，切末。

②再将肉末、盐、酱油、葱、姜拌匀做馅。

③面粉加适量清水揉匀成团，分成等份，再用擀面杖擀成薄皮。

④包入肉馅，做成饼状。

⑤锅置火上，入油烧热，放入肉饼，用中火煎至熟后，起锅装入盘中即可。

江中凉皮

菜品特色：麻辣适口，滋味浓郁。
主料：凉皮300克。
辅料：植物油30克，盐3克，鸡精2克，辣椒油、辣椒酱、熟花生米、香菜各20克，熟芝麻5克。
制作过程：
① 凉皮切成细条，装入盘中；香菜洗净，切段。
② 将盐、鸡精、辣椒酱、辣椒油调成味汁。
③ 将调好的味汁倒在凉皮上，撒上香菜、熟花生米、熟芝麻即可。

小贴士
凉皮在制作时常被加入明矾，被人体吸收后会对大脑神经细胞产生损害，并且很难被人体排出而逐渐蓄积，因而不宜多食。

秘制凉皮

菜品特色：麻辣鲜香，口感特别，令人胃口大开。
主料：凉皮400克，黄瓜90克，绿豆芽100克。
辅料：盐4克，辣椒油5克，熟芝麻5克，鸡精2克。
制作过程：
① 将凉皮洗净，摆盘。
② 黄瓜洗净，切丝，装盘；绿豆芽洗净，入沸水中汆烫，捞出，装盘。
③ 将盐、鸡精、辣椒油、熟芝麻调成味汁，淋在凉皮上即可。
大厨献招：加适量醋调味，更美味。

小贴士
凉皮的淀粉含量多，面筋含有一些蛋白质，但是其他营养素较少，搭配黄瓜丝和豆芽菜，可以补充一些维生素。

娘家担担面

菜品特色：汤汁香醇，面条滑嫩柔韧，滋味浓郁。
主料：面条200克，猪肉100克，小白菜50克，熟花生仁30克。
辅料：盐3克，姜、蒜、葱各30克，酱油、醋、香油各5克。
制作过程：
① 小白菜洗净备用；猪肉洗净剁蓉；姜、蒜去皮洗净切末；葱切花。
② 锅置火上，入油烧热，调入盐、姜、蒜、猪肉末同炒，熟后装入碟中。
③ 净锅置火上，倒入适量清水，面条煮10分钟，放入小白菜略煮装盘，调酱油、醋、香油和肉末，撒上葱花、熟花生仁。

创新川菜

成色美观，味道鲜美，回味无穷。

蜀香雄起

主料：鸡1只，花生、黄瓜、胡萝卜、芝麻各30克。
辅料：植物油30克，盐3克，酱油5克，味精2克，香菜、姜片、花椒各20克。
制作过程：
① 鸡处理干净。
② 黄瓜洗净，切丝。
③ 胡萝卜洗净，切丝。
④ 将鸡放入加了姜片、花椒、盐的水锅中煮30分钟。
⑤ 将煮好的鸡捞出，剔去骨头，切成小块。
⑥ 将鸡肉摆盘，用黄瓜、胡萝卜做盘饰。
⑦ 锅置火上，入油烧至六成热，下入花生米炒香，放盐、酱油、芝麻、味精炒匀。
⑧ 将调好的味汁淋在鸡上，摆上香菜，起锅装盘即可。

色泽红亮，香气浓郁，别有风味。

跳水兔

主料：兔肉 400 克，青花椒 40 克。
辅料：盐 3 克，味精 1 克，酱油 15 克，醋 10 克，
红椒、葱各 30 克。
制作过程：

① 兔肉处理干净。

② 把兔肉放入沸水中汆烫后，斩块备用。

③ 红椒洗净，切碎。

④ 葱洗净，切花；青花椒洗净。

⑤ 锅中注水，放入兔肉，再放入葱花、青花椒、红椒，用大火焖煮。

⑥ 煮至熟后，捞起兔肉排于盘中。

⑦ 用盐、味精、酱油、醋调成汁。

⑧ 将味汁浇在盘中，拌匀即可。

干香酥脆，麻辣鲜香，诱人食欲。

麻辣酥鱼

主料：鲫鱼 5 尾。
辅料：色拉油 500 克，盐 15 克，料酒、葱姜汁、辣椒油、辣椒各 10 克，醋 5 克，香油 3 克，白糖、花椒粉各 2 克。
制作过程：

①取 1 只碗，加入盐、白糖、花椒粉、辣椒油、辣椒、香油搅拌均匀，调成麻辣味汁备用。
②鲫鱼处理干净，在鱼身两面各剞数刀。
③将鱼加入盐、料酒、葱姜汁、醋腌渍入味，控干水分。

④锅置火上，入油烧至六成热，逐条下入鲫鱼，小火浸炸。
⑤待鱼肉、鱼骨酥脆后，捞出装入盘中。
⑥将调好的麻辣味汁浇在鱼身上，凉凉即可食用。

小窍门

浸炸的要点

浸炸，即将原料放入温油中，慢慢地逐渐升高油温，使原材料炸透至熟的方法。由于浸炸的时间比较长，且采取逐渐升温，因此成菜具有外松脆内细嫩的特点。

干香酥脆，麻辣鲜香，回味无穷。

鸿运牛肉

主料：牛肉 350 克。

辅料：植物油 30 克，葱花、青椒、红椒、芝麻各 10 克，盐 3 克，鸡精 2 克，辣椒油 10 克。

制作过程：

① 牛肉洗净，入锅中蒸熟。

② 取出牛肉切片，摆盘中备用。

③ 青椒、红椒分别洗净，均切丁。

④ 锅置火上，入油烧热，下入青椒、红椒、大蒜、芝麻炒香。

⑤ 加辣椒油、盐和鸡精调味。

⑥ 注入适量清水，煮开。

⑦ 将煮好的味汁倒在牛肉上。

⑧ 撒上葱花即可。

宽汤白肉

菜品特色：咸鲜香辣，汤汁醇厚，滋味浓郁。

主料：五花肉300克。

辅料：植物油30克，盐3克，料酒、辣椒油各10克，白醋、熟芝麻各5克，姜末、蒜末、葱花各30克。

制作过程：

① 五花肉洗净，入沸水锅中，加入盐、料酒同煮至熟，取出切片，摆入盘中。

② 锅置火上，入油烧热，下姜末、蒜末炒香，注入高汤烧开。

③ 调入盐、辣椒油、白醋、辣椒油拌匀。

④ 起锅淋在五花肉上，撒上葱花、熟芝麻即可。

卤水金钱肚

菜品特色：柔嫩爽脆，辣而不燥，佐酒佳肴。

主料：金钱肚1只。

辅料：植物油30克，高汤500克，姜片、葱花各30克，八角、桂皮、酱油、红糖各5克，盐3克，鸡精2克。

制作过程：

① 金钱肚洗净装盘，放入八角、桂皮，入蒸锅用中火蒸20分钟。

② 锅置火上，入油烧热，加高汤烧开，再放入姜片、葱花、酱油、红糖、盐、鸡精熬煮成卤水。

③ 将金钱肚放入卤水中卤至入味，取出装盘即可。

天府醉花生

菜品特色：干香酥脆，麻辣鲜香，佐酒佳肴。

主料：花生米 300 克。

辅料：植物油 30 克，盐 3 克，白糖、香醋各 5 克，青椒、红椒、葱、大蒜各 30 克。

制作过程：

① 花生米洗净；青、红椒均洗净，斜切成片，摆盘；葱洗净，切段，摆盘；大蒜去皮洗净。

② 锅置火上，入油烧热，放入花生米炸至金黄色，起锅盛入有辣椒、葱段的盘中。

③ 将盐、白糖、香醋调匀成汁，浇在花生上，放上大蒜即可。

黑芝麻牛百叶

菜品特色：麻辣鲜香，口味独特。

主料：牛百叶 250 克，白萝卜、黑芝麻各少许。

辅料：植物油 30 克，盐 2 克，酱油、辣椒油各 10 克，葱 5 克。

制作过程：

① 牛百叶洗净切条，放入沸水中煮熟，捞起沥水，装盘。

② 白萝卜洗净，切丝；葱洗净，切花。

③ 锅置火上，入油烧热，放入酱油、辣椒油、盐、黑芝麻炒香。

④ 将味汁浇在牛百叶上，最后撒上白萝卜丝、葱花。

怪味江湖鸭

菜品特色：肥而不腻，辣而不燥，香气扑鼻。

主料：鸭 1 只。

辅料：植物油 30 克，盐 3 克，料酒 10 克，花椒粉、酱油、熟芝麻各 5 克，辣椒油、辣椒酱、青椒、红椒、酸辣椒、花生碎、葱花各 30 克。

制作过程：

① 鸭洗净，入沸水汆烫后捞出，抹上盐、料酒、酱油；青椒、红椒洗净，切圈；酸辣椒洗净切碎。

② 锅置火上，入油烧热，入鸭炸至熟后盛出，改刀成块，摆盘。

③ 另起油锅，入辣椒酱、花生碎、青椒、红椒、酸辣椒炒香，入盐、花椒粉、酱油、辣椒油拌匀，起锅淋在鸭上，撒上葱花、熟芝麻即可。

酸辣魔芋丝

菜品特色：嫩滑爽口，麻辣鲜香，诱人食欲。

主料：魔芋丝 300 克。

辅料：植物油 30 克，红椒、葱各 15 克，辣椒油 15 克，醋 5 克，蚝油、糖各 10 克。

制作过程：

1 魔芋丝泡水，洗净；红椒去蒂，洗净，切碎；葱洗净，切碎。

2 将醋、蚝油、辣椒油、糖、红椒调成味汁。

3 锅置火上，注水烧开，放入魔芋丝煮熟后，捞出装盘。

4 淋上味汁，撒上葱花一起拌匀即可。

大厨献招：魔芋丝最好用温水泡发。

功夫耳片

菜品特色：清新爽口，口味独特，回味悠长。

主料：猪耳 350 克，胡萝卜 100 克。

辅料：植物油 30 克，盐 2 克，生抽 10 克，醋 5 克，酸梅酱 10 克。

制作过程：

1 猪耳处理干净，挖去中部；胡萝卜洗净，切成圆片后酿入猪耳。

2 猪耳放入蒸锅中蒸 15 分钟，取出切片装盘。

3 用盐、生抽、醋制成一味碟，用酸梅酱制成一味碟，蘸食即可。

小贴士

烹调时，尽量少加醋，以免胡萝卜素损失。另外不要过量食用胡萝卜，以免令皮肤的色素产生变化，变成橙黄色。

烧椒皮蛋

菜品特色：简单易做，诱人食欲。

主料：皮蛋 500 克，青椒 10 克。

辅料：植物油 30 克，酱油 15 克，醋 10 克，盐 3 克，红椒 5 克，香油 5 克，蒜、葱各 30 克。

制作过程：

1 皮蛋剥壳洗净，装盘备用；红椒洗净切丁；蒜洗净切蓉；葱洗净切碎；青椒去籽洗净。

2 青椒放在火上烤熟，在冷开水中洗掉烧焦的黑皮和辣椒籽，切粒。

3 碗里放入蒜蓉、葱碎、酱油、醋、盐、香油、红椒丁、烤青椒粒，搅拌均匀，倒在皮蛋上。

四川熏肉

菜品特色：咸鲜醇厚，滋味浓郁，回味悠长。
主料：猪肋条肉 1000 克。
辅料：茶叶 8 克，盐 3 克，葱末、姜末各 15 克，料酒 10 克，香油 5 克。
制作过程：

①肉处理干净，加盐、葱末、姜末、料酒腌渍半小时。
②锅置火上，注入水适量，下腌肉烧开，焖煮至熟。
③再加入茶叶，小火微熏，待肉上色后，捞出凉凉，切片。
④淋上香油，起锅装盘即可。

辣椒猪皮

菜品特色：辣而不燥，佐酒佳肴。
主料：猪皮 350 克。
辅料：醋、酱油各 5 克，辣椒油、细砂糖各 6 克，香菜段、葱、辣椒各 15 克。
制作过程：

①猪皮、葱及辣椒分别洗净，切丝。
②猪皮丝入沸水汆熟后捞出。
③将醋、酱油、辣椒油、细砂糖、热开水调成酸辣椒汁，淋在猪皮上，撒上葱丝、辣椒丝、香菜段，拌匀即可。

小贴士
猪皮含丰富的胶原蛋白，胶原蛋白是皮肤细胞生长的主要原料，能使人体皮肤长得丰满、白嫩，使皱纹减少或消失，让人显得年轻。

红油牛舌

菜品特色：肉质醇香，滋味浓郁，口味独特。
主料：牛舌、牛肚各 200 克，芹菜 30 克。
辅料：植物油 30 克，盐 3 克，老抽 8 克，熟芝麻、花生末各 5 克。
制作过程：

①牛舌、牛肚治净切片，汆水后捞出；芹菜洗净，切末。
②锅置火上，入油烧热，下肚片、牛舌翻炒至熟，加入盐、老抽炒匀。
③起锅装盘，撒上芹菜、熟芝麻、花生末即可。

小贴士
牛舌有一层薄膜，烹饪时需长时间煮，煮熟后把皮剥除才能食用。

干拌牛肚

菜品特色：辣而不燥，肥而不腻，香气浓郁。
主料：牛肚 350 克，淀粉 20 克。
辅料：植物油 30 克，干辣椒末 100 克，盐 3 克，
鸡精 2 克。
制作过程：

① 牛肚洗净，切条，加盐、淀粉裹匀。
② 锅置火上，入油烧热，下牛肚炸至表面金黄，
捞出控油，装盘。
③ 炒锅置火上，入油烧热，下入干辣椒末、盐、
鸡精炒匀，起锅倒在牛肚上即可。

小贴士
购买毛肚时应注意，如果毛肚非常白，超过其应有的白色，而且
体积肥大，应避免购买。

泡椒黄喉

菜品特色：辣而不燥，口感丰富，非常下饭。
主料：泡辣椒、黄喉、玉兰片、香芹各 40 克。
辅料：植物油 30 克，盐、胡椒粉、料酒各 2 克。
制作过程：

① 黄喉洗净，切好后在沸水中汆烫，捞出沥水；
香芹洗净，切段。
② 锅置火上，入油烧热，加泡辣椒炒香，倒入料酒、
黄喉、玉兰片翻炒。
③ 调入盐、胡椒粉，下香芹炒匀，起锅装盘即成。

小贴士
患食管炎、胃肠炎、胃溃疡以及痔疮等病者忌食泡椒，火热病症
或阴虚火旺、肺结核患者也应慎食。

椒圈金钱肚

菜品特色：麻辣鲜香，佐酒佳肴。
主料：牛肉 200 克，牛肚 200 克，尖椒 30 克。
辅料：盐 3 克，味精 1 克，辣椒油 15 克，熟芝麻、
花生米各 5 克。
制作过程：

① 牛肉、牛肚洗净，切片，放入沸水中汆熟，捞
起沥水；尖椒洗净，切圈。
② 牛肉、牛肚加入椒圈、盐、味精、辣椒油拌匀，
装盘，撒上熟芝麻、花生米即可。

小贴士
挑选牛肉时要注意，新鲜牛肉肉色深红、色泽均匀、脂肪洁白、
外表微干，新切面稍湿润，指压后的凹陷能复原，具有鲜牛肉的
正常气味。

泡椒脆肚

菜品特色：柔嫩脆爽，口感丰富。

主料：猪肚 400 克，泡椒 100 克，蒜苗段 30 克。

辅料：植物油 30 克，盐 3 克，味精 2 克，酱油 5 克，红油 10 克，料酒 5 克。

制作过程：

1. 猪肚洗净，切片；泡椒洗净。
2. 锅置火上，入油烧热，放入猪肚炒至变色，再放入泡椒、蒜苗一起炒匀。
3. 倒入红油、料酒炒至熟，调入盐、味精、酱油，翻炒均匀，起锅装盘即可。

小窍门

清洗猪肚时先去除附在上面的油及其他杂物，淋上一些植物油，然后反复揉搓正反面，揉匀之后，用清水洗几次。

红油肚丝

菜品特色：成色鲜艳，辣而不燥，滋味浓郁。

主料：猪肚 400 克。

辅料：熟白芝麻、花生、芹菜丝各 5 克，盐 3 克，酱油 5 克，红油 10 克。

制作过程：

1. 猪肚洗净，切成丝，汆水后捞出，沥干水分，摆入盘中。
2. 将盐、酱油、红油一同入碗，拌匀后淋入盘中。
3. 入蒸锅蒸熟后取出，撒上熟白芝麻、花生、芹菜丝即可。

小窍门

猪肚上面有很多黏液，会发出腥臭味，若洗时用适量的食盐或明矾，能很快除去黏液及异味。

红油肚花

菜品特色：成色红亮，滋味浓郁，佐餐佳品。

主料：猪肚 300 克。

辅料：盐 3 克，醋 8 克，生抽 10 克，芹菜、蒜各 30 克。

制作过程：

1. 猪肚处理干净，切丝，入沸水汆熟，捞起凉凉，装盘。
2. 芹菜洗净，切末；蒜去皮，切末。
3. 肚丝加入盐、醋、生抽、蒜末拌匀，撒上芹菜末即可。

小窍门

用淘米水洗猪肚，要比使用食盐揉洗更省事、省力，且更干净、节约。

红油芝麻鸡

菜品特色：色泽红亮，肉质软嫩，香气四溢。
主料：鸡肉15克，芹菜叶20克，红椒圈30克。
辅料：植物油30克，盐3克，芝麻3克，辣椒酱7克，红油6克，料酒8克。
制作过程：
① 鸡肉处理干净，切块，用盐腌渍片刻；芹菜叶洗净。
② 锅置火上，入水烧开，放入鸡肉，加盐、料酒去腥，大火煮开，转小火焖至熟，捞出沥干，摆盘。
③ 锅置火上，入油烧热，将所有调味料入锅，做成味汁。
④ 起锅将味汁浇在鸡肉上，用芹菜叶、红椒圈点缀即可。

重庆口水鸡

菜品特色：麻辣爽口，滋味浓郁，令人胃口大开。
主料：三黄鸡1000克，熟芝麻10克。
辅料：醋5克，姜20克，蒜汁、熟油辣椒各10克，酱油、料酒各5克，盐3克。
制作过程：
① 鸡洗净，斩成块，加料酒腌渍一会儿。
② 锅置火上，入水烧开，放入鸡煮10分钟，捞出放入冰水冷却，沥干水分后切块，装盘。
③ 锅置火上，入熟油辣椒烧至六成热，放入酱油、姜、蒜汁、盐、醋、熟芝麻调味，搅拌后淋在沥干的鸡肉上。
专家点评：温中补脾，益气养血

红油口水鸡

菜品特色：麻辣鲜香，诱人食欲，回味悠长。
主料：鸡肉400克。
辅料：盐3克，生抽5克，葱、蒜各20克，熟芝麻5克，红油10克。
制作过程：
① 鸡肉处理干净，斩块后装盘；葱洗净，切花；蒜去皮，切末。
② 鸡放入蒸锅蒸10分钟，取出凉凉切块。
③ 盐、生抽、红油、蒜末一同放入碗中拌匀，调成味汁。
④ 将味汁浇在鸡肉上，撒上葱花、熟芝麻即可。
专家点评：补肾益精，健脾和中

咸鲜醇厚，滋味浓郁，口味独特。

陈皮牛肉

主料: 牛后腿肉 500 克。

辅料: 植物油 30 克，料酒 10 克，盐 3 克，陈皮、白糖、酱油、花椒各 5 克，葱段、姜片、辣椒油、干辣椒各 30 克，清汤适量。

制作过程:

① 陈皮洗净，撕成小块。

② 干辣椒去蒂、籽，切成段；花椒去籽，备用。

③ 牛肉用刀修去表面污垢，整块洗净。

④ 将牛肉顺筋切成条块，横筋切成片，然后放入清水中浸泡，除去血渍，捞出沥干水分。

⑤ 牛肉放入碗内，加盐、酱油、料酒、姜片、葱段腌渍。

⑥ 锅置火上，入油烧热，将腌好且拣去葱、姜的牛肉下入油锅过油，捞出沥油。

⑦ 净锅置火上，入油烧至七成热，下陈皮块、干辣椒段、花椒，煸炒后捞出备用。

⑧ 随即倒入清汤，下入葱段，向锅中放入走过油的牛肉片。

⑨ 锅烧开后改用小火收汁，至牛肉酥软化渣时，下入辣椒油、白糖以及捞出的陈皮块、干辣椒段、花椒，用中火收汁。

⑩ 待汁干吐油时，迅速起锅倒入瓷盘内摊开，凉后装盘即可。

大厨献招: 牛肉中的血污需除尽，不然色泽会发黑；陈皮不可过量，且陈皮、辣椒、花椒三者在煸炒时不能焦化，否则菜中会带苦味。

酥脆爽口，麻辣鲜香，诱人食欲。

椒麻鲫鱼

主料：鲫鱼 400 克，干辣椒 15 克，花椒 10 克。
辅料：植物油 30 克，盐 3 克，味精 2 克，葱 5 克，姜 6 克。
制作过程：

① 鲫鱼去鳞洗净，在背部剞上花刀。
② 葱洗净，切段；姜洗净，切片。

③ 鲫鱼加葱、姜、盐、味精腌渍入味。
④ 锅置火上，入油烧至七成热，下入鲫鱼油炸。
⑤ 待鲫鱼炸至八成熟，捞出沥油。
⑥ 锅置火上，入油烧热，下入干辣椒，煸出香味。
⑦ 再加入葱段、花椒、姜片炒香。
⑧ 最后放入鲫鱼煸炒入味，起锅装盘即可。

咸鲜醇厚，肥而不腻，令人胃口大开。

傻儿肥肠

主料：猪大肠400克，菜心200克，蚕豆80克。
辅料：植物油30克，盐3克，味精2克，酱油15克，料酒10克。

制作过程：

1. 将猪大肠洗净；蚕豆去壳洗净。
2. 把猪肠剪开，切片备用。
3. 菜心洗净，切成段，入沸水汆烫。
4. 菜心熟后装入盘中。
5. 锅置火上，入油烧热，放入猪大肠炒至变色。
6. 再放入蚕豆一起翻炒。
7. 炒至熟时，倒入酱油、料酒拌匀，加入盐、味精调味。
8. 起锅倒在盘中的菜心上即可。

麻辣豆腐

菜品特色： 麻辣鲜香，柔嫩爽口。
主料： 豆腐200克，猪肉50克。
辅料： 植物油30克，豆瓣酱10克，花椒、姜、蒜、葱各50克。
制作过程：

① 豆腐洗净切块；猪肉洗净切末；姜、蒜、葱洗净，切末。
② 锅置火上，入油烧热，放入姜末、蒜末、豆瓣酱、花椒爆香。
③ 放入肉末炒至肉变色，放入豆腐翻炒。
④ 再加入盐、清水烧开。
⑤ 烧开后改用文火烧至汁浓。
⑥ 出锅上盘，撒上葱末即可。

小贴示

豆腐中所含的大豆卵磷脂有益于神经、血管、大脑的发育生长，比起吃动物性食品和鸡蛋来补养、健脑，豆腐都有极大的优势，所含的豆固醇还能抑制胆固醇的摄入。豆腐中的大豆蛋白可以显著降低血浆中的胆固醇、甘油三酯和低密度脂蛋白的含量，能保护血管细胞，有助于预防心血管疾病。

鸡蛋炒粉丝

菜品特色： 口感清新，鲜香味醇，滋味浓郁。
主料： 绿豆芽10克，鸡蛋6个，粉丝10克。
辅料： 植物油30克，盐2克，鸡精2克，老抽5克，麻油5克。
制作过程：

① 粉丝泡发，切断。
② 绿豆芽洗净，切去头尾。
③ 鸡蛋打入碗内，取出蛋黄装入另一碗内，调入盐、鸡精少许，搅拌均匀备用。
④ 锅置火上，入油烧热，下粉丝，加入调味料，把粉丝炒干，盛出。
⑤ 锅底留油，加入调好的蛋液，炒熟后下粉丝、绿豆芽、麻油拌匀，起锅装盘即可。

锅巴香辣鸡

菜品特色：干香酥嫩，味道鲜美，佐酒佳肴。

主料：鸡300克，锅巴100克，花生米50克。

辅料：植物油30克，盐、白芝麻各5克，水淀粉15克，葱、干辣椒各50克。

制作过程：

1. 鸡处理干净，切块，用水淀粉挂糊。
2. 葱洗净切段；干辣椒洗净，切段。
3. 锅置火上，入油烧至五成热，放入鸡块用小火炸至金黄，捞出沥油。
4. 锅底留油，烧至六成热，下入花生米、白芝麻、锅巴、干辣椒炒香，再下入鸡块、葱段，调入盐，炒熟，起锅装盘即成。

辣豆豉凤尾腰花

菜品特色：麻辣鲜香，酥软爽口，佐酒佳肴。

主料：猪腰350克，豆豉、青椒各50克，竹笋100克。

辅料：植物油30克，盐3克，鸡精2克，料酒10克，泡椒、蒜苗、水淀粉各30克。

制作过程：

1. 猪腰处理干净，改刀成凤尾形，加盐和料酒、水淀粉拌匀。
2. 竹笋洗净，切块状；青椒、蒜苗分别洗净，切段。
3. 锅置火上，入油烧热，放入泡椒、豆豉、蒜苗炒香，再加入猪腰、竹笋、青椒爆炒。
4. 调入盐和鸡精，起锅装盘即可。

飘香素味香肠

菜品特色：肥而不腻，麻辣爽口，滋味浓郁。

主料：香肠、豆腐皮、莲藕、花菜各100克，青椒50克。

辅料：植物油30克，盐、花椒各3克，姜、蒜各5克，干辣椒20克，酱油、醋各5克。

制作过程：

1. 莲藕、花菜、青椒分别洗净，改刀备用。
2. 锅置火上，入油烧热，下姜、蒜、花椒爆香。
3. 放入香肠煸炒几分钟，再放入豆腐皮、莲藕、花菜、青椒、干辣椒翻炒。
4. 调入盐、酱油、醋，炒熟，起锅装盘即可。

风味藕夹

菜品特色：香气四溢，麻辣爽口，回味悠长。
主料：莲藕、猪肉各150克，鸡蛋50克，面粉80克。
辅料：植物油30克，蒜苗50克，干辣椒20克，盐2克，鸡精、胡椒粉各3克。
制作过程：
① 莲藕、猪肉处理干净备用。
② 猪肉加鸡精、胡椒粉、盐和蛋清，拌匀；蛋黄、面粉加水搅拌调糊。
③ 将肉馅贴入藕片，用另一藕片合上去做成藕夹，裹上鸡蛋面糊。
④ 锅置火上，入油烧热，藕夹炸至金黄色捞起。
⑤ 再放入蒜苗与干辣椒同炒，炒熟与藕夹装盘即可。

渝州鸡

菜品特色：成色美观，味浓醇香，诱人食欲。
主料：鸡肉350克，干辣椒50克，花生米、红椒各30克。
辅料：植物油30克，盐、鸡精各2克，辣椒油20克。
制作过程：
① 将鸡肉处理干净，切块；干辣椒洗净，入油锅炸香，待用；花生米入油锅炸香，去皮；红椒去蒂洗净，切圈。
② 锅置火上，入油烧热，下入鸡块炒散至发白，放入红椒、花生米炒熟，调入盐、鸡精、辣椒油，起锅装盘，干辣椒在周边摆圈即可。

牛奶炒蛋清

菜品特色：选料精，佐料香，口感清新，滋味浓郁。
主料：鲜牛奶150克，鸡蛋清200克，熟火腿末5克。
辅料：植物油30克，盐5克，味精3克，淀粉2克。
制作过程：
① 将鲜牛奶倒入碗内，加入鸡蛋清、盐、味精、淀粉，用筷子搅拌匀。
② 锅置火上，入油烧热，倒牛奶蛋清入锅拌炒，炒至断生，起锅装盘，撒火腿末围边即可。

 小窍门
鉴别兑水牛奶
可以将钩针插入牛奶。若是纯牛奶，立即取出后，针尖会悬着奶滴；如果针尖没有挂奶滴则说明是掺水牛奶。

筒子骨娃娃菜

菜品特色：色泽嫩绿，麻辣爽口。

主料：筒子骨250克，娃娃菜200克。

辅料：植物油30克，盐3克，鸡精2克，姜片15克，枸杞5克。

制作过程：

1. 筒子骨处理干净；娃娃菜洗净，切条；枸杞泡发，洗净。

2. 锅置火上，入油烧热，注入适量清水，加入盐、姜片，放入筒子骨煮至八成熟。

3. 放入娃娃菜、枸杞煮熟，加入鸡精调匀，起锅装盘即可。

酥夹回锅肉

菜品特色：辣而不燥，肥而不腻，滋味浓郁。

主料：猪腿肉400克，青椒、红椒各1个，蒜苗50克，酥夹20克。

辅料：植物油30克，郫县豆瓣酱20克，盐、蒜、料酒各5克，姜1块。

制作过程：

1. 青椒、红椒洗净，切丝；蒜苗洗净，切段。

2. 锅置火上，注入水适量，放入猪腿肉煮熟，取出切片。

3. 净锅置火上，入油烧热，入肉片爆香，加入除酥夹外的原料翻炒均匀，装入盘中。

4. 锅底留油，下入酥夹煎至金黄色，摆在盘边即可。

酸豆角炒肉末

菜品特色：色泽嫩绿，口感清新，麻辣爽口。

主料：酸豆角300克，肉末150克，干椒、姜各20克。

辅料：植物油30克，葱5克，蒜20克，盐2克，花椒油10克。

制作过程：

① 酸豆角洗净，切碎；葱洗净，切花；姜、蒜切末；干椒切段。

② 锅置火上，入油烧热，下入干椒段炒香，加入肉末稍炒。

③ 加入酸豆角、姜末、蒜末，调入盐、花椒油炒匀，起锅装盘，撒上葱花即可。

水煮肉片

菜品特色：麻辣鲜香，肉质香醇，滋味浓郁。

主料：瘦肉200克，芹菜50克。

辅料：植物油30克，干椒50克，蛋液150克，盐3克，花椒、葱、姜、蒜、豆瓣酱各20克。

制作过程：

① 瘦肉洗净，切片，裹上蛋液；姜、蒜去皮洗净，切片；葱洗净，切花；干椒切碎。

② 锅置火上，入油烧热，下姜、蒜爆香，加盐炒熟后盛入碗中。

③ 锅底留油，下干椒、花椒、豆瓣酱爆香，放入芹菜、肉片煮熟，盛入碗中，撒上葱花即可。

大山腰片

菜品特色：柔嫩爽口，麻辣味浓，诱人食欲。

主料：猪腰500克，红椒、野山椒各50克。

辅料：植物油30克，香菜、盐各4克，料酒、酱油各10克，花椒8克。

制作过程：

① 猪腰洗净，切片；红椒洗净，切圈；香菜洗净，切段。

② 锅置火上，入油烧热，放入野山椒、花椒炒香，加入猪腰煸炒至变色，放入红椒同炒。

③ 注入适量清水，调入料酒、酱油煮开。

④ 最后调入盐，撒上香菜段，起锅装盘即可。

酸菜肥肠

菜品特色：酸辣味浓，浓厚醇香，非常下饭。
主料：肥肠500克，酸菜200克，青椒、干红椒各20克。
辅料：植物油30克，盐、蒜各5克，鸡精2克，料酒10克，醋5克。
制作过程：
① 肥肠处理干净，切片；青椒洗净，切段；酸菜切小块；干红椒洗净；蒜去皮洗净，切末。
② 锅置火上，入油烧热，入蒜炒香，注入适量清水，放入酸菜烧沸。
③ 放入肥肠、干红椒，加盐、鸡精、料酒、醋调味。
④ 待肥肠烧至熟，起锅装盘。

豆花肥肠

菜品特色：柔软嫩滑，肥而不腻，令人胃口大开。
主料：猪大肠400克，豆腐100克，黑木耳50克。
辅料：植物油30克，花椒粉5克，葱花10克，盐3克，辣椒酱、黄豆各15克。
制作过程：
① 肥肠洗净，煮至七分熟，捞出凉凉，切块；豆腐洗净，汆水后装盘；黑木耳洗净；黄豆炸香。
② 锅置火上，入油烧热，下辣椒酱、花椒粉炒香，放入肥肠煸炒。
③ 下入黑木耳、黄豆翻炒，加清水烧开煮至肥肠熟软。
④ 调入盐，出锅放在豆腐上，撒上葱花即可。

石锅芋儿猪蹄

菜品特色：味浓醇香，咸辣鲜美，佐餐佳肴。

主料：猪蹄 500 克，肉丸、芋头各 200 克。

辅料：盐 3 克，红椒、葱花各 15 克，红油 10 克，酱油 5 克。

制作过程：

1. 猪蹄处理干净，斩块；芋头去皮，洗净切块；肉丸洗净备用；红椒洗净，切圈。
2. 猪蹄放入高压锅压至七成熟，捞出沥水。
3. 砂锅置火上，注入水适量，放入芋头、猪蹄、肉丸，加入红油、酱油、盐、红椒煮熟，起锅装盘，撒上葱花即可。

青椒焖猪蹄

菜品特色：色泽美观，味美醇香，诱人食欲。

主料：猪蹄 450 克，青椒、尖椒各 40 克。

辅料：植物油 30 克，盐 3 克，鸡精 2 克，料酒、红油各 10 克，醋 5 克。

制作过程：

1. 猪蹄处理干净，切块，入沸水中氽一下水，捞出沥干备用；青椒、尖椒洗净，切段。
2. 锅置火上，入油烧热，入青椒、尖椒炒香后，放入猪蹄翻炒至五成熟。
3. 加盐、鸡精、料酒、红油、醋调味，加水焖 15 分钟，起锅装盘即可。

香菇煨蹄筋

菜品特色：柔嫩爽口，营养丰富。

材料：猪蹄筋 250 克，香菇 200 克，胡萝卜 100 克，西蓝花 200 克。

调料：香卤包 1 包，盐少许，蚝油 20 克，淀粉适量。

制作过程：

1. 西蓝花洗净掰成小朵；胡萝卜洗净，切成丁；香菇洗净切成块，和西蓝花、胡萝卜一起放入锅中煮熟备用。
2. 猪蹄筋洗净，放入锅中，加水、香卤包煮熟。
3. 将淀粉、蚝油拌匀煮沸，放入香菇、蹄筋、盐，炒至汁干，加入西蓝花和胡萝卜即可食用。

专家点评：补血养颜，强身健体

口水牛杂

菜品特色：麻辣鲜香，酥软爽口，回味悠长。

主料：牛杂400克，泡椒50克。

辅料：植物油30克，盐3克，酱油、花椒各5克，料酒、红油各10克，干辣椒30克，葱、姜适量。

制作过程：

1 牛杂洗净，切片；干辣椒洗净，切段；姜洗净切片；葱洗净，切花。

2 牛杂焯水后捞出沥水。

3 锅置火上，入油烧热，下花椒爆香，放牛杂煸炒，调盐、料酒、酱油、红油将牛杂炒熟。

4 倒入适量清水煮沸，起锅装盘即可。

辣子跳跳骨

菜品特色：酥脆爽口，麻辣味浓，令人胃口大开。

主料：鸡肋骨300克，鸡蛋1个。

辅料：植物油30克，盐3克，料酒5克，白糖8克，葱段、姜片、花椒各10克，干辣椒200克。

制作过程：

1 鸡肋骨洗净，加盐、姜、葱，将鸡肋骨码入味，加入蛋黄拌匀。

2 锅置火上，入油烧至七成热，下入鸡肋骨炸至酥香。

3 将干辣椒、花椒炒香，加入鸡肋骨和其他调味料，炒匀，起锅装盘即可。

干锅腊味茶树菇

菜品特色：麻辣鲜香，肉香四溢，口味独特。

主料：茶树菇300克，腊肉100克，泡椒、蒜薹各20克。

辅料：盐3克，酱油15克，料酒5克，红油10克。

制作过程：

1 茶树菇洗净；腊肉洗净，切片；泡椒、蒜薹洗净，切段。

2 锅置火上，入红油烧热，放入腊肉炒至半熟后，加入茶树菇、蒜薹、泡椒翻炒片刻。

3 炒至熟后，加入盐、酱油、料酒炒匀，起锅铺在干锅中即可。

辣炒大片腊肉

菜品特色：肉质柔韧，麻辣味浓，佐餐佳肴。

主料：腊肉400克

辅料：植物油30克，盐、鸡精各3克，干辣椒、蒜苗各15克。

制作过程：

① 将腊肉处理干净，煮熟后切成大片；蒜苗洗净，斜切成段。

② 锅置火上，入油烧热，下入干辣椒、腊肉炒至吐油，再下蒜苗炒至断生。

③ 放盐、鸡精翻炒均匀，起锅装盘即可。

小贴士

优质的腊肉色泽鲜红，肥肉透明；肉质有弹性，指压后痕迹不明显；无异味。

麻辣牛肉丝

菜品特色：油亮光洁，形似蚕丝，色似朱砂。

主料：牛肉500克

辅料：植物油30克，盐3克，料酒10克，香油、花椒各5克，葱段、姜片各15克，干辣椒段20克。

制作过程：

① 牛肉洗净，切丝，用盐、料酒拌匀。

② 炒锅置火上，入油烧至七成热，放入肉丝炸干水分，捞出。

③ 下姜、葱煸出香味，烹入调味料，放入牛肉丝，小火收干水分。

④ 放入干辣椒段、花椒翻炒均匀，淋上香油，起锅装盘即可。

椒香肥牛

菜品特色：口味鲜香，滋味浓郁，诱人食欲。

主料：牛肉400克，黄豆芽300克。

辅料：红椒、青花椒、蒜苗各15克，花椒8克，盐3克。

制作过程：

① 牛肉洗净，切片；黄豆芽洗净；红椒洗净，切圈；蒜苗洗净，切段；青花椒洗净。

② 锅置火上，入油烧热，放入青花椒炒香，加入牛肉和黄豆芽爆炒。

③ 放入红椒和蒜苗同炒，加适量清水焖煮，调入盐，起锅装盘即可。

香笋牛肉丝

菜品特色： 油亮光洁，香气扑鼻，回味悠长。

主料： 牛肉300克，笋干100克，红椒30克。

辅料： 植物油30克，酱油5克，料酒8克，红油10克，盐3克，糖5克。

制作过程：

1. 牛肉洗净，切丝，用酱油和料酒腌渍片刻；笋干洗净，泡发；红椒洗净，切丝。

2. 锅置火上，入油烧热，下牛肉炒至变色，盛出备用。

3. 另起锅置火上，入油烧热，下笋干，调红油和糖炒至断生。

4. 将牛肉倒回锅中，加上红椒丝同炒至熟，调入盐，起锅装盘即可。

香辣牛蹄筋

菜品特色： 口感香嫩，麻辣鲜香，佐酒佳肴。

主料： 牛蹄筋300克，芹菜10克。

辅料： 植物油30克，盐3克，豆瓣酱5克，红油10克，卤水500毫升。

制作过程：

1. 牛蹄筋洗净，放入卤水中卤熟，捞出切成块；芹菜洗净，切丁。

2. 锅置火上，入油烧热，下豆瓣酱炒香。

3. 倒入切好的蹄筋片、芹菜翻炒，调入红油和盐，翻炒均匀，起锅装盘即可。

小贴士

干牛蹄筋需用凉水或碱水发制，刚买来的发制好的蹄筋应反复用清水多洗几遍。

家乡辣牛肚

菜品特色： 柔嫩爽口，麻辣鲜香，诱人食欲。

主料： 牛肚300克，牛肉、猪舌各150克，熟花生200克。

辅料： 植物油30克，辣椒粉、熟白芝麻、花椒各5克，蒜、姜各20克，桂皮、大料各8克，香菜段10克。

制作过程：

1. 牛肚、牛肉、猪舌分别洗净，煮熟后切成薄片；蒜、姜洗净，切小块。

2. 锅置火上，入油烧热，倒入桂皮、大料、花椒、蒜、姜爆香，捞出香料。

3. 将辣椒粉倒入油中调匀，再放入牛肚、牛肉、猪舌拌至入味，最后放入花生，撒上熟白芝麻、香菜段，起锅装盘即可。

双椒鲜鹅肠

菜品特色：柔中带韧，香辣鲜浓，佐餐佳肴。
主料：鹅肠250克，青椒、红椒圈各20克。
辅料：植物油30克，盐、生抽、醋各5克，红油10克，味精2克。
制作过程：
❶鹅肠剪开，洗净，切段，放入沸水中煮熟，捞出沥水，装盘。
❷锅置火上，入油烧热，下青椒、红椒炒香，加入盐、味精、生抽、醋、红油炒成味汁。
❸将味汁淋在鹅肠上即可。

老干妈鹅肠

菜品特色：柔中带韧，辣而不燥。
主料：鹅肠350克，香菜叶20克。
辅料：植物油30克，盐3克，红椒、青椒各10克，葱15克，老干妈酱8克。
制作过程：
❶鹅肠处理干净，切成条状；香菜叶洗净；青椒、红椒均去蒂，洗净，切粒；葱洗净，切花。
❷锅置火上，入油烧热，放入鹅肠翻炒片刻，再放入青椒粒、红椒粒、老干妈酱、盐炒匀，加适量清水烧一会儿。
❸待熟后装盘，撒上葱花，用香菜叶点缀即可。

鲜椒双脆

菜品特色： 柔嫩爽口，麻辣鲜香，诱人食欲。
主料： 黄喉 300 克，泡红辣椒 80 克。
辅料： 植物油 30 克，盐 2 克，辣椒酱 5 克，酱油 5 克，红油 10 克。
制作过程：

❶ 黄喉处理干净，切花刀，汆水后捞出，沥干水分；泡红辣椒切段。

❷ 锅置火上，入油烧热，入黄喉翻炒片刻，放入泡红辣椒同炒，加盐、辣椒酱、酱油、红油炒至入味。

❸ 加入清水煮沸，起锅装盘即可。

小贴士

买回黄喉后，可洒点食用盐用手多抓几下，再用清水洗净。锅内烧开水，将黄喉放入水中烫一下，不要太久，马上起锅放入冷水中泡冷，然后再烹制成菜。

鸡蛋炒莴笋

菜品特色： 脆软爽口，非常下饭。
主料： 鸡蛋、莴笋各 150 克，红椒 20 克。
辅料： 植物油 30 克，盐 3 克。
制作过程：

❶ 鸡蛋磕入碗中，搅匀；莴笋去皮洗净，切成菱形片；红椒洗净，切片。

❷ 锅置火上，入油烧热，下鸡蛋煎熟后盛起。

❸ 锅底留油，下莴笋、红椒翻炒片刻，倒入鸡蛋同炒，调入盐炒匀，起锅装盘即可。

小窍门

先将莴笋的叶和根都去掉，在自来水的冲淋下，莴笋的皮就很容易削下来了。

芹菜皮蛋牛肉粒

菜品特色： 鲜香味美，开胃下饭。
主料： 牛肉 150 克，皮蛋 100 克。
辅料： 芹菜、红椒各 30 克，盐、鸡精各少许，姜、蒜、酱油、料酒、干辣椒丝、生抽、蚝油各适量。
制作过程：

❶ 牛肉洗净切丁，用酱油、料酒、少许水拌匀后腌约半小时；芹菜洗净，取茎切粒；皮蛋切粒、红椒切圈、姜蒜剁碎。

❷ 起锅热油，下牛肉丁滑散，捞出沥油。

❸ 另起锅热油，下姜蒜爆香，再下入红椒圈、芹菜翻炒香，加入干辣椒丝炒一下，然后下牛肉丁翻炒，调入生抽、盐、蚝油、鸡精，快出锅时加入皮蛋粒翻炒片刻即可。

成色美观，滋味浓郁。

楼兰节节香

主料： 猪尾、黄豆芽各 200 克，猪腿肉 100 克。
辅料： 植物油 30 克，盐 3 克，鸡精 2 克，芝麻油、熟芝麻各 5 克，葱花、辣椒油、干辣椒、泡椒各 30 克。

制作过程：

① 猪尾洗净，入沸水中汆烫后捞出，凉凉。
② 将猪尾切段。
③ 猪腿肉洗净切块，入沸水中汆烫。
④ 黄豆芽洗净，烫熟，装盘底。
⑤ 锅置火上，入油烧热，下入干辣椒、泡椒炒香。
⑥ 放入猪尾、猪腿肉爆炒。
⑦ 然后加适量清水，用大火焖煮，调入盐、鸡精、辣椒油、芝麻油，焖 10 分钟。
⑧ 出锅倒在黄豆芽上，撒上葱花即可。

丁香酥脆，麻辣鲜香，诱人食欲。

乳香三件

菜品特色：辣而不燥，香气扑鼻，诱人食欲。
主料：猪肠、猪肚、猪舌各 200 克。
辅料：植物油 30 克，高汤 800 克，香菜、葱花各
10 克，盐 4 克，鸡精 1 克，辣椒油、料酒各 10 克，
干辣椒适量。
制作过程：

1 猪肠、猪肚、猪舌均处理干净，入沸水中汆烫，

捞出沥干水分。

2 干辣椒洗净，切段。

3 锅置火上，入油烧热，放入干辣椒、猪肠、猪肚、猪舌爆炒。

4 再注入适量高汤和料酒炖煮 10 分钟。

5 调入盐、鸡精、辣椒油调味，起锅装入煲中。

6 最后，撒上香菜和葱花调味即可。

扣蹄蝴蝶夹

菜品特色：选料精，佐料香，口味独特，诱人食欲。
主料：猪蹄 350 克，面粉 80 克，发酵粉 5 克。
辅料：植物油 30 克，辣椒油、豆豉、葱花各 10 克，盐 3 克，鸡精 1 克。
制作过程：

1️⃣ 面粉加水及发酵粉和好，做成蝴蝶状，入蒸锅蒸熟，取出摆在盘中。

2️⃣ 猪蹄治净剁块，入沸水锅中炖煮熟透，捞出。

3️⃣ 锅注油烧热，下入豆豉、辣椒油炒香。

4️⃣ 加入猪蹄同炒，再注清水煮开，调盐和鸡精，装碗。倒扣在盘中央，撒上葱花即可。

花卷烧羊排

菜品特色：色泽油亮，外酥里嫩。
主料：熟花卷 20 个（小花卷），羊排骨 300 克，上海青 100 克，青椒、红椒各 30 克。
辅料：植物油 30 克，盐 3 克，醋 8 克，酱油 10 克。
制作过程：

1️⃣ 上海青洗净，用沸水汆烫后排于盘中；羊排骨洗净，剁成块；青、红椒洗净，切片；熟花卷排于盘周围。

2️⃣ 锅置火上，入油烧热，下羊排翻炒至熟，注水，加入盐、醋、酱油一起焖煮。

3️⃣ 加入青、红椒翻炒至汤汁收浓时，装入排有熟花卷、上海青的盘中即可。

歪嘴兔头

菜品特色：色泽油亮，口感美味。
主料：兔头 500 克，榨菜、白芝麻各 10 克。
辅料：植物油 30 克，盐 3 克，味精 2 克，酱油 20 克，料酒各 10 克，干辣椒、葱白各 30 克。
制作过程：

1️⃣ 兔头处理干净，切块；榨菜洗净，切条；葱白洗净，切段；干辣椒洗净，切圈。

2️⃣ 锅置火上，入油烧热，下干辣椒炒香，放入兔头翻炒，再放入榨菜、葱白、白芝麻炒匀。

3️⃣ 注入适量清水，倒入酱油、料酒炒至熟后，调入盐、味精拌匀，起锅装盘即可。

干盐菜回锅肉

菜品特色：味香醇厚，肉质软嫩，滋味浓郁。

主料：五花肉500克，干盐菜80克，豆豉、蒜苗各30克。

辅料：植物油30克，盐4克，酱油15克，红椒30克。

制作过程：

① 五花肉洗净，入沸水锅中煮熟，捞起切片。

② 蒜苗洗净，切段；干盐菜泡发，洗净；红椒洗净，切片。

③ 锅置火上，入油烧热，下豆豉炒香。

④ 放入肉片翻炒至发白，倒入盐菜、蒜苗、红椒一起炒匀，加少许水焖至汤汁收干。

⑤ 再倒入酱油炒至熟后，加盐调味，起锅装盘即可。

邮亭风味蹄

菜品特色：色泽油亮，柔中带韧，诱人食欲。

主料：猪蹄500克，面粉200克，茶树菇100克，酵母粉10克。

辅料：植物油30克，盐、鸡精各3克，老抽、料酒各10克，大蒜、葱段、水淀粉各30克。

制作过程：

① 将猪蹄和茶树菇处理干净。

② 和了酵母粉的面团，发酵20分钟，揉成蝴蝶夹馍，蒸熟。

③ 锅置火上，入油烧热，下入大蒜、茶树菇炒香，再放猪蹄、料酒一起炒熟。调入盐、鸡精、老抽炒匀，以水淀粉勾芡，装入大碗。再将整碗猪蹄扣入盘中，撒上葱段，摆上蝴蝶夹馍即可。

巴国奇香肉

菜品特色：鲜香味醇，肉香四溢。

主料：五花肉500克，胡萝卜100克，红枣30克。

辅料：植物油30克，盐3克，味精1克，酱油20克，糖10克。

制作过程：

① 五花肉洗净，切块；胡萝卜洗净，切块；红枣洗净。

② 锅置火上，入油烧热，放入五花肉炒至发白，再放入胡萝卜、红枣一起翻炒。

③ 注入适量清水，倒入酱油，煮至汤汁收浓时，调入盐、味精、糖入味，起锅装盘即可。

川味烧双拼

菜品特色：麻辣鲜香，香嫩酥脆，非常下饭。
主料：鳝鱼300克，鱼肉300克，干辣椒50克。
辅料：植物油30克，盐3克，酱油、姜、蒜、花椒各5克，料酒10克，高汤适量。
制作过程：
① 鳝鱼、鱼肉处理干净。
② 锅置火上，入油烧热，下姜、蒜、花椒、干辣椒爆香。
③ 放入鳝鱼煸炒，调入盐、料酒、酱油炒至八成熟盛于砂锅中。
④ 另起锅下油，同炒鳝鱼一样将鱼片炒至八成熟，一起入砂锅，倒入高汤煮沸即可。

馋嘴牛腩

菜品特色：麻辣鲜香，肥而不腻，柔中带韧。
主料：牛腩500克，泡椒50克，青椒25克。
辅料：植物油30克，盐3克，姜、蒜各10克，辣椒油、老抽、料酒各10克，高汤适量。
制作过程：
① 牛腩洗净，切块；青椒、姜、蒜均洗净，切片。
② 牛腩入沸水中氽烫，捞出沥干水分备用。
③ 锅置火上，入油烧热，下姜、蒜爆香，放牛腩、泡椒、青椒煸炒片刻。
④ 调入盐、辣椒油、老抽、料酒炒至八成熟，倒入高汤煮熟，起锅装盘即可。

洋葱猪肚煲

菜品特色：辣而不燥，柔中带韧，诱人食欲。
主料：猪肚300克，洋葱50克，大蒜30克。
辅料：植物油30克，盐、味精各3克，酱油15克，青椒、红椒各30克。
制作过程：
① 猪肚处理干净，切片；洋葱洗净，切片；大蒜、青椒、红椒洗净，切片。
② 锅置火上，入油烧热，放入猪肚翻炒至变色，再放入洋葱、红椒、青椒、大蒜一起炒匀。
③ 加入适量清水，烧至汤汁变浓时，加入盐、味精、酱油调味，起锅装盘即可。

家常豆腐煲

菜品特色：豆腐鲜嫩，汤汁鲜醇，回味悠长。
主料：豆腐150克，猪肉200克。
辅料：植物油30克，盐3克，蒜头、姜、辣椒酱各30克，生抽15克，香菜5克。
制作过程：
❶豆腐、猪肉、蒜头、姜洗净，切小片；香菜洗净，切段。
❷锅置火上，入油烧热，下入豆腐炸至两面呈金黄色，捞出，沥干油分。
❸锅底留油，下入蒜头、姜炒香，加猪肉滑炒至熟。
❹下入豆腐同炒，加入辣椒酱、盐、生抽调味，盛入砂锅中，放上香菜即可。

一品水煮肉

菜品特色：麻辣鲜香，肉片滑嫩，诱人食欲。
主料：猪肉300克。
辅料：植物油30克，盐4克，花椒、鸡精各3克，红油20克，酱油5克，水淀粉10克，高汤900毫升，葱20克，干辣椒30克。
制作过程：
❶猪肉洗净，切片，加盐和水淀粉拌匀；干辣椒、葱分别洗净，干辣椒切段，葱切花。
❷锅置火上，入油烧热，下入干辣椒和花椒炸香，加高汤、酱油、盐、鸡精、红油烧沸。
❸下入肉片煮散至熟，撒上葱花，起锅装盘即可。

霸王肘子

菜品特色：麻辣鲜香，香嫩酥脆，回味无穷。
主料：猪肘400克。
辅料：植物油30克，盐3克，酱油5克，卤水1000毫升，料酒8克，蜂蜜10克。
制作过程：
❶猪肘处理干净，放入锅中，注入适量清水，烹入料酒、蜂蜜煮至八成熟，捞出。
❷锅置火上，入油烧热，下猪肘炸至金黄色，再入卤水锅中卤至熟透，盛盘。
❸锅底留油，倒入卤汤，调入盐、酱油，起锅淋在肘子上即可。

思乡排骨

菜品特色：香脆酸甜，色泽金黄，滋味浓郁。
主料：猪排 750 克，青椒、红椒各 20 克。
辅料：植物油 30 克，豆豉 20 克，白糖 3 克，香油 8 克。
制作过程：
① 猪排处理干净，斩件，汆水；青椒、红椒洗净，切粒。
② 锅置火上，入油烧热，下排骨炸至外酥内嫩，捞出装盘。
③ 净锅置火上，下入香油、豆豉炒香，加入白糖、青椒、红椒炒匀，起锅淋在排骨上即可。

蜀国第一排

菜品特色：辣而不燥，滑嫩软糯。
主料：猪排 400 克，青豆 30 克，红尖椒 15 克。
辅料：盐 3 克，胡椒粉、孜然粉各 5 克，红油 10 克。
制作过程：
① 猪排处理干净，斩件，汆水；青豆洗净焯熟；红尖椒洗净，切圈。
② 将盐、胡椒粉、孜然粉、红油拌匀，做成味汁。
③ 将味汁刷在猪排表面，入烤箱烤几分钟，取出再入烤箱。
④ 烤至熟透，取出，放入青豆、红尖椒即可。
大厨献招：汆烫排骨时，可以往沸水中加入姜片或葱段，可除腥味。

水煮血旺

菜品特色：麻辣鲜香，回味悠长，非常下饭。
主料：猪血 300 克，麦菜 100 克，芹菜段 50 克。
辅料：植物油 30 克，盐 3 克，豆瓣酱 10 克，干辣椒末、葱末、姜末、蒜末、香菜各 15 克。
制作过程：
① 麦菜洗净；猪血切片。
② 锅置火上，入油烧热，下入干辣椒末炒香，加入豆瓣酱、姜末、蒜末爆香，再放入麦菜炒至断生，盛出装碗。
③ 锅中加清汤，放入猪血煮熟，调入盐、葱末，盛入碗中。
④ 烧热油淋于其上即可。

川湘卤牛肉

菜品特色：肉香四溢，香嫩酥脆，佐餐佳肴。
主料：卤牛肉450克，黄瓜50克。
辅料：盐3克，生抽5克，姜8克，蒜汁20毫升，味精2克。
制作过程：

1. 卤牛肉切片，装盘；黄瓜洗净，切片，摆盘。
2. 将盐、味精、姜、蒜汁、生抽制成味汁，浇在牛肉上。
3. 将牛肉放入蒸锅中蒸软，出锅即可食用。

> **小窍门**
> 在煮老牛肉的时候，可以在里面放进几个山楂（或是山楂片）。这样能够使老牛肉容易煮烂，而且食用时不会觉得肉的质感老。

翡翠牛肉粒

菜品特色：成色美观，口感清新。
主料：青豆300克，牛肉100克，白果仁20克。
辅料：植物油30克，盐3克。
制作过程：

1. 青豆、白果仁分别洗净，沥干；牛肉洗净，切粒。
2. 锅置火上，入油烧热，下牛肉炒至变色，盛出。
3. 净锅置火上，入油烧热，下入青豆和白果仁炒熟，倒入牛肉炒匀，调入盐即可。

大厨献招：将切好的牛肉片放到浓度为5%~10%的小苏打水溶液中浸泡一下，然后捞出，沥干10分钟之后再炒，可以使牛肉纤维疏松，肉质嫩滑，十分可口。

金沙牛肉

菜品特色：金黄油亮，肉嫩酥脆，滋味浓郁。
主料：牛里脊200克，面包糠50克。
辅料：植物油30克，盐、孜然粉各5克，胡椒粉、鸡精各3克．
制作过程：

1. 将牛肉切成片，用盐、孜然粉、胡椒粉腌制入味。
2. 锅置火上，入油烧至六成热，放入腌好的牛肉，炸熟，加入鸡精，装盘。
3. 将面包糠放入四成热的油温中炸好，放在牛肉上即可。

大厨献招：将牛肉片加调料腌制半个小时，再用热油下锅，能使炒好的牛肉表面金黄玉润，肉质鲜嫩。

铁板牛肉

菜品特色：柔中带韧，香气四溢，回味悠长。
主料：牛肉 500 克，红椒 20 克，蒜薹 50 克。
辅料：植物油 30 克，孜然 10 克，盐 4 克，鸡精、味精各 2 克。
制作过程：

❶红椒去蒂、去籽，切碎；蒜薹洗净，切粒；牛肉处理干净，切片。

❷锅置火上，入油烧热，下入牛肉片滑散。

❸锅底留油，下红椒碎、蒜薹粒炒香，加入牛肉片，调入调味料，翻炒均匀，盛出装入烧热的铁板里即可。

川味牛腱

菜品特色：麻辣鲜香，柔中带韧，佐酒佳肴。
主料：牛腱肉 400 克，花生米 30 克，白芝麻 20 克。
辅料：植物油 30 克，盐 3 克，料酒、酱油各 5 克，红油 10 克，卤水 800 毫升，葱 20 克。
制作过程：

❶牛腱肉洗净，氽水后捞出；葱洗净，切花。

❷锅置火上，入卤水烧开，放入牛腱肉卤熟透后取出，切片，摆入盘中。

❸净锅置火上，入油烧热，入花生米、白芝麻炒香，调入盐、料酒、酱油、红油拌匀，加入适量卤汁烧开，起锅淋在牛腱肉片上，撒上葱花即可。

钵钵鸡

菜品特色：肉质鲜嫩，辣而不燥，香气四溢。
主料：童草鸡 400 克，葱花 5 克。
辅料：生抽 5 克，香油 5 克，糖 8 克，芝麻 10 克，盐 3 克，辣椒油 60 克，姜适量。
制作过程：

❶童草鸡洗净；葱、姜洗净切末。

❷锅置火上，入水烧沸，放入鸡烫至断生后取出，速浸入冷水，待冷却后去骨，切大块。

❸将辣椒油、生抽、香油、盐、糖、芝麻调匀，做成味汁。

❹将味汁倒入鸡汤中煮沸，放入鸡肉，撒上葱花即可。

芝麻仔鸡

菜品特色：麻辣鲜香，芝麻香突出，口味独特。

主料：仔鸡1200克，熟芝麻10克。

辅料：植物油30克，姜末8克，盐3克，辣椒油、红油各10克，香油、料酒各5克，

制作过程：

① 仔鸡处理干净，切块，入沸水锅中氽去血水，捞出沥干。

② 锅置火上，入油烧热，放入姜末炒香，加入鸡块翻炒。

③ 加入适量清水煮至八成熟，然后加入辣椒油、盐、红油、香油、料酒同煮至熟，撒上熟芝麻即可。

天府竹香鸡

菜品特色：成色美观，香嫩酥脆，口味独特。

主料：鸡1只（约900克）。

辅料：植物油30克，盐3克，醋、酱油5克，糖8克，蒜蓉10克，青椒、红椒各20克。

制作过程：

① 鸡处理干净，煮至六成熟，捞起沥干；青椒、红椒洗净，切丁；蒜蓉炒香。

② 将盐、酱油、糖、醋调匀成酱汁，均匀地涂在鸡表面。

③ 锅置火上，入油烧热，放入涂有酱汁的鸡，炸至金黄色。

④ 捞起切块，撒上青椒丁、红椒丁、蒜蓉即可。

芋儿鸡翅

菜品特色：麻辣鲜香，香嫩酥脆，非常下饭。

主料：鸡中翅300克，小芋头200克。

辅料：植物油30克，红油10克，料酒、酱油各5克，盐3克，泡椒8克，鸡精2克。

制作过程：

① 鸡中翅洗净，沥干；小芋头去皮，洗净，沥干水分。

② 锅置火上，入油烧热，下鸡中翅，调入酱油、料酒和红油稍炒后加入小芋头和泡椒同炒。

③ 加入适量水烧开，加入盐和鸡精调味，待鸡翅和小芋头均熟透后起锅即可。

芋儿烧鸡

菜品特色：辣而不燥，肉质香嫩，别有一番风味。

主料：鸡肉300克，芋头250克。

辅料：植物油30克，盐3克，泡椒20克，鸡精2克，酱油5克，料酒8克，红油10克。

制作过程：

①鸡肉洗净，切块；芋头去皮，洗净。

②锅置火上，入油烧热，放入鸡肉略炒，再放入芋头、泡椒炒匀。

③加盐、鸡精、酱油、料酒、红油调味，加适量清水，焖烧至熟，起锅装盘即可。

小贴士

新鲜的鸡肉颜色呈干净的粉红色且有光泽，鸡皮呈米色并有光泽和张力。在超市中购买鸡肉，一定要注意标签上的屠宰时间和保质期。

巴蜀老坛子

菜品特色：鲜咸醇香，辣而不燥，滋味浓郁。

主料：大凤爪300克，猪耳200克，黄瓜50克，胡萝卜、西芹各30克。

辅料：野山椒、指尖椒各20克，醋8克，姜片、蒜片、葱段各15克，白酒、白糖、盐各5克。

制作过程：

①野山椒、指尖椒洗净，剁碎；黄瓜、胡萝卜、西芹洗净，切条；凤爪去趾，处理干净，焯水煮至七成熟；猪耳洗净，切条。

②把野山椒、指尖椒、姜片和葱、蒜片、白酒、白糖加水搅匀，制成卤水。

③在卤水中下原材料泡上12小时即可捞出食用。

豆芽毛血旺

菜品特色：红亮油润，麻辣鲜香，非常下饭。

主料：鸭血400克，猪肚、黄豆芽、鳝鱼各50克。

辅料：植物油30克，干辣椒10克，料酒、红油各8克，醋5克，盐3克。

制作过程：

①所有材料洗净，鸭血、猪肚切片，鳝鱼、干辣椒切段，黄豆芽焯水装碗。

②锅置火上，入油烧热，入干辣椒炒香，放入鸭血、鳝鱼、肚片和水炖煮15分钟。

③调入盐、料酒、醋、红油调味，起锅倒在装有黄豆芽的碗中即可。

手撕小羊排

菜品特色：口味鲜香，香嫩酥脆，滋味浓郁。
主料：羊排400克。
辅料：植物油30克，盐3克，醋5克，豆豉25克，味精2克，青椒、红椒各50克，料酒10克。
制作过程：
1. 羊排处理干净，入沸水中汆烫后捞出沥干水分；青椒、红椒洗净切圈。
2. 锅置火上，加油烧至七成热时入豆豉炒香。
3. 放入羊排翻炒，加水小火焖30分钟，放入料酒、醋、盐、味精调味。
4. 入青椒、红椒小火煮5分钟，起锅装盘即可。

鱼头泡饼

菜品特色：肉质嫩滑，鲜咸醇香。
主料：鱼头1个，五花肉100克，炸好的油盐饼200克。
辅料：植物油30克，香菜10克，盐、酱油各5克，鸡精2克，料酒10克。
制作过程：
1. 鱼头处理干净，加盐和料酒腌渍。
2. 五花肉洗净，切片；香菜洗净，切段。
3. 锅注油烧热，下入鱼头炸至金黄色，捞起控油。
4. 锅底留油，放入五花肉爆炒，加入炸好的鱼头，再注入适量清水煮开。
5. 调入酱油、盐和鸡精，起锅装盘，撒上香菜，摆上油盐饼即可。

鱼头吞面

菜品特色：麻辣鲜香，面条柔中带韧，回味悠长。
主料：鱼头400克，酸菜15克，鸡汤500克，面条200克。
辅料：植物油30克，野山椒、青椒、红椒各10克，生抽、盐各4克，料酒、葱、辣椒油、姜各30克。
制作过程：
1. 鱼头处理干净，用盐、生抽、料酒腌渍，入油锅中略炸捞出。
2. 酸菜洗净切末；野山椒、青椒、红椒切圈；葱洗净切段；面条煮熟，捞出。
3. 锅置火上，入油烧热，下入野山椒、青椒、红椒、姜、酸菜炒香，倒入鸡汤、辣椒油煮开，放入鱼头煮熟，装盘，放入熟面条，撒入葱段即可。

香辣馋嘴蛙

菜品特色：香辣美味，口味独特。
主料：牛蛙 500 克，干辣椒 50 克。
辅料：植物油 30 克，盐 3 克，醋 5 克，蒜、葱各 30 克，鸡精 3 克，辣椒油 10 克。
制作过程：

1. 牛蛙去皮洗净，切块；干辣椒洗净，切段；葱洗净，切花；蒜去皮洗净，切末。
2. 锅置火上，入油烧热，下干辣椒、蒜爆香。
3. 放入牛蛙煸炒片刻，调入盐、鸡精、醋、辣椒油炒匀，炒至八成熟。
4. 注入适量清水，煮熟，起锅装盘，撒上葱花即可。

西拧玉米豆腐

菜品特色：成色美观，口感清新。
主料：玉米豆腐 400 克，豌豆 50 克，红椒 10 克。
辅料：植物油 30 克，盐、鸡精各 3 克，淀粉 30 克。
制作过程：

1. 玉米豆腐洗净，切块；豌豆洗净；红椒洗净，切丁。
2. 锅置火上，入油烧热，将玉米豆腐放入炒锅中炸至金黄色，捞出备用。
3. 锅留底油，放入豌豆、红椒和炸好的玉米豆腐翻炒，调入盐和鸡精调味，加入淀粉勾芡，起锅装盘即可。

双椒青岩豆腐

菜品特色：色泽鲜艳，嫩滑爽口，诱人食欲。
主料：青岩豆腐 300 克。
辅料：植物油 30 克，青椒、红椒各 50 克，盐 3 克，味精 1 克，香油、酱油、辣椒酱各 5 克，高汤适量。
制作过程：

1. 青岩豆腐洗净，切块；青、红椒均洗净，切片。
2. 锅置火上，入油烧热，放入豆腐炸至呈金黄色捞出沥油。
3. 锅底留油，入青椒、红椒、辣椒酱炒香，放入豆腐翻炒，注入高汤烧开，调入盐、味精、酱油拌匀，淋入香油，起锅装盘即可。

麻辣鲜香，辣而不燥，令人胃口大开。

渝人辣不怕

主料：猪肉、面粉各 200 克，西蓝花 100 克，酵
母粉 10 克。

辅料：植物油 30 克，红椒 5 克，盐、鸡精各 3 克，
生抽、香油各 5 克。

制作过程：

① 红椒切成圈备用。

② 面粉、酵母粉倒入盆中，加温水揉搓，和好面
团发酵；将发酵好的面团揉成蝴蝶夹状，入蒸笼

蒸熟待用。

③ 将猪肉洗净，切成片，焯水备用。

④ 把西蓝花掰成小朵，洗净，焯水备用。

⑤ 锅置火上，入油烧热，下入猪肉煸炒。

⑥ 待猪肉炒干水分时加入红椒圈，煸炒至熟。

⑦ 加入生抽、盐、鸡精，淋上香油即可装盘，然
后把西蓝花整齐摆在周边。

⑧ 最后把蝴蝶夹整齐地摆在盘子边上即可。

同安封肉

菜品特色：口味鲜香，滋味浓郁。
主料：五花肉100克，香菇、虾仁、干贝各50克。
辅料：植物油30克，糖、酱油、排骨酱各5克，盐3克，冰糖10克，高汤适量。
制作过程：
①将五花肉切成方块，再打上十字花刀。
②锅置火上，入油烧热，放入肉块稍炸一下，将肉皮炸至微黄起锅。
③将调味料全放入锅中拌匀，放入炸好的肉块卤至入味，备用。
④圆盆里放入香菇、虾仁、干贝，再将卤好的肉扣在上面，上蒸笼蒸至酥烂后出锅即可。

粗粮排骨

菜品特色：色泽金黄，外酥里嫩，滋味浓郁。
主料：猪排骨400克，红薯粉100克，玉米粒、碗豆、火腿丁各30克。
辅料：植物油30克，盐、海鲜酱各5克，味精3克。
制作过程：
①将排骨洗净，斩块，入沸水中汆烫，用红薯粉、盐拌匀，装入盘中蒸熟。
②玉米粒、碗豆均洗净。
③锅置火上，入油烧热，放入玉米粒、碗豆、火腿丁炒至熟。
④加盐、味精、海鲜酱炒入味，起锅倒在排骨上即可。

蒜泥蒸肉卷

菜品特色：鲜香味醇，肥而不腻。
主料：五花肉350克，蒜50克。
辅料：植物油30克，盐3克，酱油、醋、辣椒油各5克。
制作过程：
①五花肉洗净，切片，加盐腌渍片刻后，卷成肉卷；蒜去皮洗净，切末。
②将辣椒油倒入盘内，再将卷好的肉卷摆好盘。
③锅置火上，入油烧热，入蒜末炒香，加少许盐、酱油、醋炒匀后，均匀地淋在肉卷上，一起入蒸锅蒸熟，出锅装盘即可。

剁椒魔芋豆腐

菜品特色：香辣味浓，滑嫩爽口，诱人食欲。
主料：带皮猪肉、魔芋豆腐各150克，剁椒50克。
辅料：植物油30克，辣椒油100克，酱油、盐各4克。
制作过程：
1 将带皮猪肉洗净、切片，备用。
2 魔芋豆腐洗净切片，与切好的带皮猪肉按一片魔芋豆腐、一片带皮猪肉的方式叠放，均匀撒上酱油与盐，腌渍10分钟。
3 再撒上剁椒，入笼用大火蒸15分钟，取出，浇上烧至七成热的辣椒油，装盘即可。

小贴士
魔芋食品不仅味道鲜美，口感宜人，而且有减肥健身、增强免疫力等功效，所以被人们誉为"魔力食品""神奇食品""健康食品"。

川淮美容蹄

菜品特色：色泽油亮，柔中带韧。
主料：猪蹄500克，花菜100克。
辅料：植物油30克，盐3克，鸡精2克，冰糖、酱油各5克，水淀粉20克。
制作过程：
1 猪蹄处理干净；花菜洗净备用。
2 锅置火上，注水烧开，放入猪蹄汆烫捞出摆入盘中，入蒸锅蒸熟后取出。
3 花菜入沸水中汆烫，捞出沥干水分备用。
4 锅置火上，入油烧热，放入冰糖、酱油、盐、水淀粉做成味汁。
5 起锅将味汁均匀地淋在猪蹄上，将花菜摆在盘中即可。

盘龙带鱼

菜品特色：肉质鲜嫩，肉香四溢，佐餐佳肴。
主料：带鱼500克。
辅料：植物油30克，盐3克，胡椒粉5克，料酒10克，姜、大蒜、干红椒各30克。
制作过程：
1 带鱼处理干净，切连刀块，加盐、胡椒粉、料酒腌渍，盘入盘中。
2 姜洗净，切片；大蒜去皮洗净，切片；干红椒洗净，切段。
3 锅置火上，入油烧热，下姜片、蒜片、干红椒炒香，起锅淋在鱼身上。
4 将带鱼入锅蒸熟即可。

周庄酥排

菜品特色：口味鲜香，外酥里嫩，口感美味。
主料：排骨600克，排骨酱、蚕豆酱各10克。
辅料：姜、葱各15克，糖10克，胡椒粉、桂皮各5克，盐适量。
制作过程：
① 排骨处理干净，斩成5厘米长的段；葱、姜洗净，切末。
② 用净水洗去排骨的血水，沥干后加盐、葱、姜、糖、胡椒粉、桂皮拌均匀。
③ 将排骨上蒸锅蒸1小时15分钟，取出即可。
大厨献招：蒸排骨时要用中火，用中火蒸可使蒸气通过外层的肉渗入骨内，从而达到全熟。

腊味合蒸

菜品特色：鲜香味醇，肉香四溢，令人胃口大开。
主料：腊猪肉、腊鸡肉、腊鲤鱼各200克。
辅料：熟猪油10克，白糖、葱花各8克，肉清汤25克。
制作过程：
① 将腊肉、腊鸡、腊鱼用温水洗净，蒸熟后取出，将腊味切成大小略同的条。
② 取瓷碗一只，将腊肉、腊鸡、腊鱼分别皮朝下整齐排放在碗内，放入熟猪油、白糖和肉清汤，上笼蒸烂。
③ 取出翻扣在大瓷盘中，撒上葱花即可。

山城面酱蒸鸡

菜品特色：肉质鲜嫩，酱香四溢，滋味浓郁。
主料：鸡肉400克，熟花生米100克。
辅料：盐3克，甜面酱5克，红油10克，红椒15克，花椒粉5克，葱花8克。
制作过程：
① 鸡肉处理干净，入沸水中汆去血污，捞出沥干，斩块装盘；红椒洗净，沥干切末。
② 将甜面酱、盐、红油、花椒粉搅拌均匀制成味汁。
③ 将味汁浇在鸡肉上，放上花生米，撒上葱花、红椒末，入蒸锅蒸至鸡肉熟透即可。

小贴士
鸡肉不宜与兔肉、鲤鱼、大蒜同时食用。

汤汁香醇，滋味浓郁，回味悠长。

萝卜连锅汤

主料：猪后臀肉 100 克，萝卜 150 克。

辅料：植物油 30 克，盐 3 克，味精 2 克，胡椒粉 5 克，料酒 10 克，姜 30 克，高汤适量。

制作过程：

①姜洗净，切成菱形片。

②萝卜切成 6 厘米长、3 厘米宽、0.5 厘米厚的片。

③选用皮薄、肥瘦相间的猪后臀肉煮熟，凉凉。

④将猪后臀肉切成约 7 厘米长、3 厘米宽、0.5

厘米厚的片。

⑤锅置火上，加入高汤、盐、味精、胡椒粉、料酒，放姜片、萝卜片、肉片煮沸。

⑥除尽浮沫，煮至萝卜断生时起锅，装大汤碗内即成。

品菜说典

据说，在四川上这种菜的时候都是连锅一起端上桌的，故得名连锅汤。

186

萝卜鲫鱼汤

菜品特色：营养美味，开胃消食。
主料：鲫鱼 600 克，白萝卜 100 克。
辅料：植物油 30 克，枸杞、香菜各 5 克，盐 3 克，鸡精 2 克，姜丝、蒜末各 30 克，料酒适量。
制作过程：
① 鲫鱼处理干净，加盐和料酒腌渍。

② 白萝卜洗净，切细丝；枸杞、香菜均洗净备用。
③ 锅置火上，入油烧热，用中火下入姜丝、蒜末，炒香。
④ 放入鲫鱼，待其两面至五成熟时注入适量清水、萝卜丝和枸杞，大火煮开。
⑤ 调入盐和鸡精，撒上枸杞和香菜，盛入大碗中即可。

水煮四宝

菜品特色：微辣香醇，鲜香爽口，滋味浓郁。
主料：虾 100 克，蛤蜊 100 克，鱿鱼 100 克，蛏子 100 克。
辅料：植物油 30 克，盐 5 克，葱段 10 克，料酒 25 克，淀粉 15 克，干辣椒 50 克。
制作过程：
① 虾、蛤蜊、鱿鱼、蛏子洗净，用淀粉、料酒抓腌。
② 锅置火上，入油烧热，加入清水、干辣椒、盐、葱段煮开。
③ 加入虾、蛤蜊、鱿鱼、蛏子，调到中火煮至熟，起锅装盘即可。

飘香白肉

菜品特色：口味香辣麻，色泽深红。
主料：猪腿肉 400 克，莴笋 200 克。
辅料：植物油 30 克，高汤 800 克，青椒、红椒各 50 克，青花椒 20 克，盐 4 克，鸡精 3 克，香菜 10 克，姜丝 5 克。
制作过程：
① 猪腿肉入沸水中氽烫后捞出沥水，切薄片。
② 莴笋洗净去皮，切条状；青椒、红椒洗净，切圈；香菜洗净，切段。
③ 锅置火上，入油烧热，下入青花椒、姜丝炒香。
④ 下猪腿肉和莴笋炒匀，加青椒、红椒同炒。
⑤ 加入适量高汤炖煮，加盐和鸡精调味，撒上香菜，起锅装盘即可。

飘香水煮肉

菜品特色：麻辣鲜香，肉质细嫩爽滑。
主料：猪肉 250 克，豆芽 200 克。
辅料：植物油 30 克，豆瓣酱、干辣椒段各 50 克，料酒、姜片、葱花各 10 克，辣椒油 25 克，盐 3 克。
制作过程：
① 猪肉洗净切片；豆芽洗净，炒至断生，盛入碗中。
② 锅置火上，入油烧热，放入豆瓣酱、姜片、干辣椒段炒香。
③ 加清水烧沸，下入肉片，烹入料酒，加入辣椒油、盐调味。
④ 烧开后将肉片汤倒入盛豆芽的汤碗内，撒上葱花即可。

泼辣酥肉

菜品特色：辣而不燥，酥脆爽口。
主料：五花肉 500 克，干辣椒 20 克。
辅料：植物油 30 克，盐 3 克，味精 2 克，酱油 5 克，葱、水淀粉各 30 克。
制作过程：
① 五花肉洗净，切块；干辣椒洗净，切段；葱洗净，切花。
② 锅置火上，入油烧热，将肉块蘸上水淀粉放入油锅中炸至酥脆，再注入清水，放入干辣椒焖煮。
③ 煮至熟后，加入盐、味精、酱油调味，撒上葱花，起锅装盘即可。

豆花腰片

菜品特色：辣而不燥，柔嫩爽滑。
主料：猪腰 500 克，豆花 100 克，蒜苗 20 克。
辅料：植物油 30 克，盐 3 克，味精 1 克，酱油 10 克，
辣椒油 12 克，干辣椒、花椒各 30 克。
制作过程：
① 猪腰洗净，切片；蒜苗洗净，切段；干辣椒洗净，
切圈。
② 锅置火上，入油烧热，下干辣椒、花椒炒香。
③ 放入腰片滑炒至变色，注入适量清水烧开。
④ 待完全熟时，加入盐、味精、酱油、辣椒油调味。
⑤ 起锅装盘，撒上蒜苗，舀入豆花即可。

辣酒煮鲜什菌

菜品特色：口感嫩滑，鲜香醇厚。
主料：香菇 100 克，口蘑 100 克，秀珍菇 100 克，
芹菜 20 克。
辅料：植物油 30 克，姜、蒜各 5 克，料酒 25 克，
花椒 5 克，干辣椒 50 克，红椒 50 克。
制作过程：
① 香菇、口蘑洗净，打十字花刀；红椒洗净切碎；
芹菜洗净切段。
② 锅置火上，入油烧热，放入姜、蒜、干辣椒爆香。
③ 放入各种菇翻炒 2 分钟，加适量清水，放入花
椒用慢火煮 10 分钟。
④ 加料酒、红椒碎、芹菜煮开，起锅装盘即可。

瑶池盖菜

菜品特色：口感清新，成色美观，诱人食欲。
主料：盖菜 300 克，干贝 30 克。
辅料：植物油 30 克，盐、淀粉各 3 克，鸡精 2 克，
高汤适量。
制作过程：
① 将盖菜洗净，入沸水中汆烫后捞出，用高汤煮
熟，摆入盘中；干贝泡发，洗净切成丝。
② 锅置火上，注入高汤，下入干贝丝，煮熟。
③ 再放入少量淀粉勾芡，调入盐、鸡精。
④ 起锅将干贝丝与高汤淋在盖菜上即可。
大厨献招：干贝用温水浸泡，易涨发。
专家点评：保肝护肾

麻辣适度而不燥烈，味道鲜美而不油腻。

海味火锅

主料：海参、干贝、大虾、菠菜、海蟹、冻豆腐、粉丝各300克。

辅料：植物油30克，盐5克，味精2克，虾油、酱油、胡椒粉、香油各5克，绍酒、葱花、姜末、芝麻酱、酱豆腐、辣椒油、香菜末各30克，鲜汤适量。

制作过程：

① 虾洗净备用。

② 将海参洗净，切成片；干贝洗净。

③ 海蟹洗净，切开。

④ 酸菜洗净，切丝。

⑤ 粉丝泡软，剪成段；冻豆腐切块。

⑥ 锅置火上，注入鲜汤烧开，加入盐、味精、葱花、姜末、豆腐块、粉丝、胡椒粉、绍酒，盖严锅盖烧沸。

⑦ 将芝麻酱、香油、辣椒油、酱豆腐、酱油、虾油、香菜末装碟，制成蘸酱。

⑧ 将海参片、大虾片、干贝、海蟹下锅烫熟，蘸上酱料食用即可。

什锦火锅

菜品特色：成色缤纷美观，汤汁醇香清新。
主料：黄瓜、牛肉、羊肉、虾、鱼肉、海带、冬瓜、土豆各适量。
辅料：植物油30克，盐3克，胡椒粉、香油各5克，高汤适量。
制作过程：
① 黄瓜、牛肉、羊肉、虾、鱼肉、海带、冬瓜、土豆均洗净改刀，码入锅中。
② 浇入用调味料制好的清汤煮熟，改小火，可边炖边食用。
大厨献招：羊肉中有许多黏膜，切片前最好将其剔除。

四生片火锅

菜品特色：牛肉质鲜嫩，奇香四溢，让人越吃越想吃。
主料：牛肉、鸡脯肉、鱼肉、鸡胗、香菇各300克。
辅料：盐5克，味精2克，胡椒粉5克，料酒、辣椒油、干椒各20克，高汤适量。
制作过程：
① 牛肉、鸡脯肉、鱼肉、鸡胗、香菇均洗净备用。
② 火锅内加辣椒油炒香干椒，再倒入高汤、料酒烧沸，调入盐、味精、胡椒粉。
③ 将准备好的原料分盘上桌，随意涮食即可。

小贴士
吃火锅前最好先喝小半杯新鲜果汁，接着吃蔬菜，然后是肉，以合理利用食物的营养，减少胃肠负担。

干锅金牌肥肠

菜品特色：肥而不腻，滋味丰富，久吃不腻。

主料：肥肠400克。

辅料：植物油30克，青椒、红椒各50克，盐5克，鸡精2克，老抽5克，葱白段、大蒜各30克。

制作过程：

①将肥肠处理干净，入沸水中汆烫后切圈待用。

②青椒、红椒去蒂，洗净，切段；大蒜去皮，洗净；葱白段洗净。

③锅置火上，入油烧热，下入肥肠炒至八成熟，再下入大蒜、葱白段、青椒、红椒炒香。

④放入盐、鸡精，淋入老抽即可。

馋嘴干锅肥肠

菜品特色：辣而不燥，麻辣味浓，别有风味。

主料：肥肠500克，干辣椒、野山椒、红辣椒各50克。

辅料：植物油30克，盐3克，花椒3克，豆豉、老抽、料酒各10克。

制作过程：

①肥肠洗净，切片；干辣椒洗净，切段；红辣椒洗净，切片。

②锅置火上，入油烧热，放入花椒、干辣椒、野山椒爆香。

③放入肥肠，加料酒煸炒片刻，放入红辣椒，加适量清水焖煮。

④再加盐、老抽、豆豉略炒，盛入干锅即可。

馋嘴干锅毛肚

菜品特色：味鲜麻辣，浓香四溢，诱人食欲。

主料：毛肚500克，干辣椒30克，蒜苗30克，大白菜100克。

辅料：植物油30克，盐3克，大蒜10克，花椒5克，老抽、料酒各10克。

制作过程：

①毛肚洗净，切片；大白菜洗净，切块；蒜苗洗净，切段；干辣椒、大蒜洗净备用。

②大白菜入沸水中汆烫，捞出沥干水分放在干锅底部。

③锅置火上，入油烧热，放入大蒜、花椒、干辣椒爆香，放入毛肚翻炒，调入盐、老抽、料酒、蒜苗炒熟盛入干锅即可。

松软细嫩，馅多味鲜。

海棠酥

主料： 水油面团 300 克，干油酥面团 200 克。

辅料： 植物油 30 克，红色面团、绿豆馅各 200 克。

制作过程：

① 将水油面团和干油酥面团稍醒一会儿，备用。

② 把水油面团和干油酥面团分别下成大小均匀的 20 个剂子。

③ 水油面团中包入干油酥面团后擀叠 2 次，再擀叠成圆饼，包入绿豆馅。

④ 把面皮捏出五角形。

⑤ 捏紧，逐一做成海棠酥生坯。然后把红色面团做成小圆球，放在海棠酥生坯的中间，做花心。

⑥ 平底锅内加生油，用温热油将生坯炸至乳白色，盛出即可。

大厨献招： 起酥的封口处以及花边要捏紧，炸时的火力不要太大，油温不要太高，保持四成热最好。

酱香白肉卷

菜品特色：细嫩鲜香，肉香突出，回味无穷。
主料：五花肉300克，蒜苗、粉丝各30克。
辅料：植物油30克，姜、蒜各5克，盐3克，酱油5克，水淀粉20克。
制作过程：
❶五花肉处理干净，入沸水锅中，加入盐煮至熟透后，捞出沥干，待凉切片。
❷姜、蒜均去皮洗净，切末；蒜苗洗净，切段。
❸粉丝泡发洗净，入沸水中煮熟，捞出沥干，切段，然后再用五花肉将粉丝和蒜苗裹成肉卷摆盘。
❹锅置火上，入油烧热，将所有调味料入锅做成味汁，淋在肉卷上即可。

叶儿粑

菜品特色：酸甜软糯，滋味浓郁。
主料：糯米粉50克。
辅料：植物油30克，豆沙馅30克，粽叶40克。
制作过程：
❶糯米粉加水揉成团；粽叶洗净，润透。
❷取适量面团在手里捏成碗状，放进适量豆沙馅，将周边往里收拢，用双手搓成长条圆球状后放在粽叶上，包住。
❸上沸水蒸锅中用中火蒸6分钟，至熟起锅装盘即可。

小贴士
糯米粉的黏度较高，一般市售的糯米粉，如非特别注明，都是生糯米粉。可以用来制作许多中式点心如年糕、汤圆、麻糍、红龟粿等。

神仙串

菜品特色：奇香四溢，久吃不厌，别具一格。
主料：莲藕200克，鸡爪100克，黑木耳、土豆、香干各100克。
辅料：植物油30克，盐3克，白芝麻10克，鸡精2克，香油3克，辣椒油10克，醋5克。
制作过程：
❶莲藕、鸡爪、黑木耳、土豆、香干洗净，用竹签分别串一起，备用。
❷锅置火上，入油烧热，下白芝麻炒香后，调入盐、鸡精、香油、辣椒油、醋，注入适量清水煮沸，做成味汁。
❸将串在一起的原材料下锅煮熟即可。

桃脯肉糕

菜品特色：甜而不腻，软嫩甜糯。

主料：猪肉200克，罐装黄桃100克，米粉50克。

辅料：植物油30克，青椒、红椒各20克，豆豉15克，盐5克，鸡精3克，水淀粉20克。

制作过程：

① 猪肉洗净剁成肉末；桃脯剁碎，和肉末拌匀，用米粉裹匀，按成块状；青椒洗净切丁；红椒洗净切丁和圈。

② 锅置火上，入油烧热，将肉糕炸至表面金黄色，捞出控油。

③ 锅底留油，青椒、红椒、豆豉炒香，调入盐和鸡精，加水淀粉勾芡，淋在肉糕上即可。

风味窝窝头

菜品特色：松软细嫩，口味独特。

主料：玉米粉200克，面粉50克，荞麦粉150克，酸萝卜粒200克，酵母粉10克。

辅料：植物油30克，白糖50克，鸡精2克，干辣椒30克。

制作过程：

① 玉米粉、荞麦粉分别与面粉、白糖、酵母粉加少量温水搅拌均匀，用开水冲烫，调制成金黄和深黄色两种面团，发酵；干辣椒洗净切段。

② 发酵后的两种面团揉成碗状，蒸熟，取出。

③ 锅置火上，入油烧热，下入酸萝卜粒与干辣椒，翻炒，炒熟分置于窝窝头中即可。

川北豌豆凉粉

菜品特色：鲜辣味醇，口感韧滑，令人垂涎。

主料：豌豆凉粉400克。

辅料：盐、酱油、醋、花椒粉、白糖各5克，葱花、蒜蓉各20克。

制作过程：

① 豌豆凉粉切丝摆于盘中。

② 将盐、酱油、醋、白糖、花椒粉、蒜蓉调成味汁，浇在凉粉上面，撒上葱花即可。

小贴士

四川的凉粉是用豌豆淀粉和绿豆粉做的，可以消暑解渴、清热解毒，还能促进大肠蠕动，保持大便通畅。

过瘾川菜